Friedrich Peschke

W0187705

Product Lifecycle Management (PLM)

Kundennutzen durch
integriertes Prozessmanagement

HANSER

Bibliografische Information der Deutschen Nationalbibliothek
Die Deutsche Nationalbibliothek verzeichnet diese Publikation in der Deutschen Nationalbibliografie; detaillierte bibliografische Daten sind im Internet über http://dnb.d-nb.de abrufbar.

© 2017 Carl Hanser Verlag München
http://www.hanser-fachbuch.de

Lektorat: Lisa Hoffmann-Bäuml
Herstellung und Satz: Kösel Media GmbH, Krugzell
Umschlaggestaltung: Parzhuber & Partner GmbH, München
Umschlagrealisation: Stephan Rönigk
Druck und Bindung: Kösel, Krugzell
Printed in Germany

ISBN 978-3-446-45129-2
E-Book-ISBN 978-3-446-45259-6

Inhalt

1 Einleitung

Der rasche technologische Wandel und die zunehmende Komplexität bei Produkten und Märkten bedingen eine ständige Anpassung von Organisation, Kompetenzen und Arbeitsprozessen.

Folgende *Treiber* veranlassen Unternehmen, sich laufend mit Organisationsmodellen für eine effiziente Produktentstehung zu beschäftigen [Grieves 2009]:

▶ *Produktprogramm und -komplexität:* Die Individualisierung von Kundenanfragen führt zu einer Vielzahl von Produktvarianten und damit zu einem dramatischen Anstieg an Produktinformationen, welche erstellt, gepflegt und gesichert werden müssen. Je einfacher die Produkte und je stärker die Ausrichtung auf Serienproduktion ist, umso größer ist der Nutzen durch standardisierte Prozesse und durch ein effizientes Informationsmanagement. Dadurch können Wartezeiten im Wertschöpfungsprozess reduziert und kann die Effizienz im Energie- und Materialeinsatz (Lean Management) gesteigert werden.

▶ *Globalisierung:* Durch den globalen Wettbewerb führt die Anforderung an immer kürzeren Vermarktungszyklen (Time-to-Market) zu einem Anstieg an Produktinformationen und zu einer Verdichtung der Phasen des Produktentstehungsprozesses zufolge der Parallelisierung von Abstimmungs- und Arbeitsschritten. Um aus dem Einsatz günstiger, global verteilter Entwicklungsressourcen einen Kostenvorteil generieren zu können, haben Unternehmen globale Wertschöpfungsmodelle eingeführt. Nationale Regulatorien zur Gewährleistung und Produkthaftung fordern eine lückenlose Dokumentation der Produktentstehung.

▶ *Produktivität:* Der Kostendruck des Marktes wird von Herstellern an seine Lieferanten weitergegeben, was diese zu laufender Produktivitätssteigerung (Innovation) oder zur Auslagerung von Wertschöpfungsschritten an Sublieferanten veranlasst.

▶ *Qualität:* Zur Optimierung des Erfüllungsgrads von Kundenanforderungen müssen diese vollständig und korrekt erfasst, in Produktspezifikationen übersetzt und effizient dem Entstehungsprozess zugeführt werden. Die Produktqualität wird durch die Prozessqualität gewährleistet, deren Realisierung nach den geforderten Standards (Aerospace) den Einsatz kostenintensiver Methoden bedingt.

▶ *Innovation:* Zur Absicherung der Wettbewerbsfähigkeit (Qualität, Preis, Kundenbindung) ist Innovation erforderlich. *Prozessinnovation* zielt auf die Aufrechterhaltung und Steigerung der Produktivität durch Reduktion von Verschwendung von Zeit, Energie und Material im Rahmen der internen und externen Zusammenarbeit ab. *Produktinnovation* zielt auf die Nutzenerweiterung für den Anwender durch Reduktion von Zeit, Material und Energie im Rahmen der Produktverwendung bzw. durch die Bereitstellung neuer Einsatzmöglichkeiten ab. Beide Sichten sind direkt/indirekt miteinander verzahnt.

Mit PLM können diese unterschiedlichen Anforderungen in Übereinstimmung zueinander gebracht werden. In Branchen wie Automobil, Luftfahrt, Maschinen und Anlagen findet man heute daher bereits eine hohe Akzeptanz für PLM, vor allem begründet durch die gegenwärtige und zunehmende Komplexität der Produkte. Die Vielfalt an Zusammenarbeitsmodellen zwischen Entwicklungs- und Produktionsbereichen, zwischen Kunden und Lieferanten im globalen Kontext und gesetzlich verankerte Dokumentations- und Gewährleistungsvorschriften begründen hier den Bedarf an PLM.

Das Ziel von PLM ist die Planung und Umsetzung eines definierten Soll-Prozesses. Es markiert einen grundlegenden Wandel des industriellen Einsatzes von Informationstechnologie (IT) von der Orientierung aller Arbeiten auf die zu erzeugenden Daten hin zur Orientierung aller Daten auf den Produktentstehungsprozess (PEP). Durch PLM wird der Prozess der Entwicklung, der Produktionsplanung und -steuerung zum strategischen Thema für produzierende Unternehmen. Damit spielt PLM als Kernelement der unternehmerischen Wertschöpfungsprozesse eine immer wichtigere Rolle.

> Mit Product Lifecycle Management können alle Produktdaten und Prozesse des kompletten Lebenszyklus ganzheitlich verwaltet und gesteuert werden. Alle relevanten Informationen rund um ein Produkt liegen genau dann vor, wenn sie gebraucht werden. Damit leistet PLM einen erheblichen Beitrag zur Vermeidung von Verschwendung, erhöht die Flexibilität und erleichtert den Umgang mit Komplexität.

Zurück geht PLM auf das „Computer Integrated Manufacturing (CIM)". Dieser historische Ansatz hatte zum Ziel, die Produktivität von Unternehmen durch den Einsatz von IT-Systemen zu verbessern. Die Entwicklung von computerbasierenden Programmen, „Computer-Aided Applications", wie CAD (Design), CAM (Manufacturing), CAQ (Quality) und weiteren lieferte dazu die ersten Werkzeuge, welche die wesentlichen Unternehmensbereiche adressierte. Die meist unterschiedlichen Datenformate wurden vorerst auf separierten Datenservern verwaltet.

Für die system- und datentechnische Integration dieser Applikationen bedurfte es geeigneter Datenformate, Programmschnittstellen und eines Datenbanksystems, welches neben den erzeugten Dateien ein integriertes Datenmodell bereitstellte. Dazu haben Universitäten und Softwareanbieter den Ansatz des „Product Lifecycle Management (PLM)" erschaffen und dazu unterschiedliche Applikationslösungen entwickelt.

Der vorliegende Pocket-Power-Band soll Interessenten einen kompakten Überblick über das Themenfeld PLM geben und relevante Informationen zur Einschätzung des Nutzenpotenzials liefern.

Nach der Einleitung gliedert sich das Buch in sechs Kapitel, welche die wesentlichen Elemente des Themenfeldes aus praktischer Sicht behandeln:

▶ Im Kapitel „Basispfeiler von PLM" werden die PLM-relevanten Grundlagen zu den Themen Kundennutzen, Produktmanagement und Lebenszyklusmodell, Unternehmensorganisation und Rollenmodell sowie zur Verwaltung von Produktdaten angeführt.
▶ Im zweiten Kapitel wird die Prozessorientierung als eine wichtige Voraussetzung für PLM erläutert.
▶ Das dritte Kapitel erläutert die Bedeutung und Verankerung von PLM in der Unternehmensstrategie.
▶ Das vierte Kapitel erklärt anhand des Geschäftsprozessmodells die Bedeutung von PLM für den Produktentstehungsprozess.

▶ Im fünften Kapitel werden mit der Zielsetzung der integrierten Systemarchitektur die Elemente Applikationen, Schnittstellen und Datenformate beschrieben.

▶ Das sechste Kapitel behandelt das Thema PLM im Kontext der globalen Zusammenarbeit mit externen Partnern mit Bezug auf Risiko, Sicherheit und Qualität.

Hinweis

 Unter diesem Symbol werden Hinweise gegeben.

 Unter diesem Symbol werden Tipps gegeben.

 Dieses Symbol weist auf Merksätze hin.

2 Basispfeiler von PLM

WORUM GEHT ES?

PLM stellt ein bestimmendes Konzept für das Management des Prozesses der industriellen Produktentstehung dar. PLM beruht auf abgestimmten Methoden, Prozessen und Organisationsstrukturen und bedient sich IT-Applikationen für die Verwaltung und Steuerung von Aufgaben (Rollen, Verantwortung, Prozesse) und für die Erstellung und Verwaltung von Daten im Rahmen der unternehmerischen Wertschöpfung.

WAS BRINGT ES?

PLM fokussiert auf die Anwendung von Lean-Ansätzen in der gesamten Organisation, um die Verschwendung von Zeit, Energie und Material im Rahmen der Produktentstehung zu reduzieren oder zu vermeiden. Die beiden strategischen internen Treiber Innovation und Qualität werden dabei mit dem Ziel adressiert, über den Kundennutzen höhere Produktpreise oder höheren Absatz zu realisieren.

2.1 Der Kunde im Mittelpunkt

Jedes Unternehmen folgt einem definierten Unternehmenszweck, wie z. B. dem Zweck der Herstellung von Produkten oder der Erbringung von Dienstleistungen mit der Absicht, durch dieses Angebot einen Unternehmenserfolg zu erzielen (Bild 1).

Auf der strategischen Ebene geht es um die Absicherung der Unternehmenstätigkeit und des Unternehmensfortbestands (Market Value).

Auf operativer Ebene werden der kommerzielle Erfolg und der Markterfolg mit unterschiedlichen Zielsetzungen angestrebt – Shareholder vs. Customer Value.

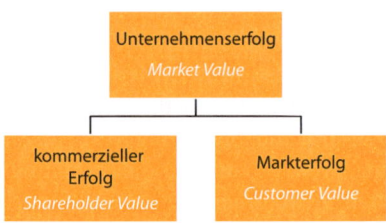

Bild 1: *Komponenten des Unternehmenserfolgs*

Während der kommerzielle Erfolg im Wesentlichen über die unternehmensinternen Prozesse gesteuert wird, wird der Markterfolg durch den vom Kunden subjektiv wahrgenommenen Nutzen (Customer Value) bestimmt. Dieser setzt sich aus den Elementen *Marktposition und Produktnutzen* zusammen und ist maximal, wenn der Kunde mit minimalem Aufwand die optimale Befriedigung seines Bedarfs erhält (Bild 2).

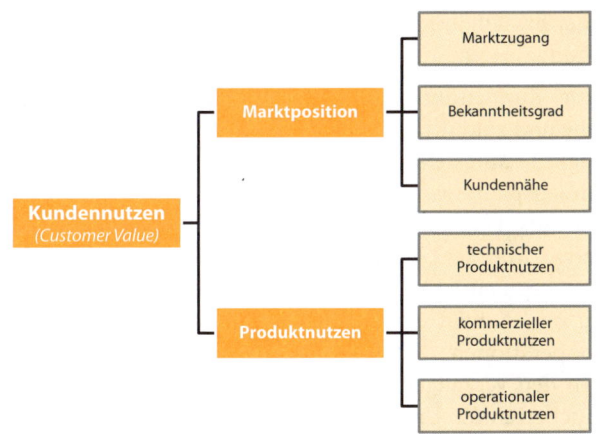

Bild 2: *Elemente des Kundennutzens*

Dabei wird die *Marktposition* getragen durch die Möglichkeiten des Marktzugangs zur direkten/indirekten Marktbearbeitung, durch den Bekanntheitsgrad durch Marketing und Markenentwicklung und durch die Kundennähe vor, während und nach dem Verkauf des Produkts oder der Dienstleistung.

Der *Produktnutzen* kann sich zusammensetzen aus:

▶ einem technischen Produktnutzen zufolge physikalischer Merkmale, der Qualität und Flexibilität in der Verwendung, den technischen Bestimmungen und der Umweltverträglichkeit,

▶ einem kommerziellen Produktnutzen aufgrund des Erstehungspreises, weiterer indirekter Konditionen und des Return on Investment (ROI) und

▶ einem operationellen Produktnutzen zufolge der Lieferung/Bereitstellung, der Bedienfreundlichkeit, des Service, der Ersatzteilversorgung und Wartung bis hin zur Entsorgung.

Der Kundennutzen ist der wichtigste Indikator für die aktuelle und zukünftig mögliche Marktposition (Wettbewerbsfähigkeit) und steht damit im Fokus der strategischen Unternehmensplanung. Er ermöglicht eine Plausibilisierung der Geschäftspläne durch die Entwicklung einer gezielten Marktanalyse, Marktentwicklung und Preisgestaltung, den Aufbau eines segmentierten Produkt- und Technologieportfolios und den Aufbau eines möglichst direkten Kundenzugangs (Kooperationen, Distributions- und Schutzrechtspolitik).

In den vergangenen Jahren gewannen Themen wie Verbraucherschutz, Umwelt und Energie an Bedeutung. Qualitätsanforderungen bis hin zu Gewährleistungsauflagen für Lieferanten werden zu bestimmenden Kosten- und Erfolgsfaktoren.

2.2 Veränderung durch Digitalisierung

Die Organisation eines Unternehmens stellt ein System von Aufgaben, Befugnissen, Verantwortlichkeiten und gegenseitigen Informationsregeln innerhalb der Unternehmensprozesse dar und dient der Erreichung der Unternehmensziele unter der Prämisse der effizienten Nutzung der eingesetzten Ressourcen. Es lässt sich in einen

▶ inneren Wirkungsraum (Standorte, Bereiche, Abteilungen) und einen
▶ äußeren Wirkungsraum (Markt, Kunden, Lieferanten)

unterteilen.

Bei der Erledigung von Aufgaben kann zwischen einer *Projekt-* und einer *Prozessorientierung* unterschieden werden:

▶ Eine projektorientierte Organisation plant und erledigt Geschäftsfälle nach den Methoden und Regeln des Projektmanagements, also in Form von definierten Projekttypen. Die Verantwortung zur Erfüllung des Kundenbedarfs bzw. des Unternehmensziels wird an Projekten festgemacht.

▶ Im Gegensatz dazu legt eine prozessorientierte Organisation die Verantwortlichkeiten zur Zielerreichung an den Unternehmensprozessen fest und stellt die Methoden und Regeln aus dem Prozessmanagement in den Vordergrund. Aufgrund der zunehmenden Vernetzung von Tätigkeiten über die Unternehmensgrenzen hinweg ist bei Unternehmen eine steigende Ausrichtung auf eine Prozessorientierung zu beobachten.

Die Stabilität des Lebensraums „Unternehmen" wird durch äußere (Kunden, Markt) und innere Umgebungseinflüsse (Organisation, Kultur) geprägt. Im Rahmen seiner Veränderungsbereitschaft und -fähigkeit kann ein Unternehmen auf Veränderungen der Umgebung reagieren oder sich proaktiv darauf vorbereiten.

Mit fortschreitender *Digitalisierung* wird dieser Lebensraum durch die Einführung von neuen Technologien verändert, was eine zunehmende Herausforderung für Mitarbeiter darstellt. Diese müssen sich in den neuen Strukturen zurechtfinden, gleichzeitig adaptieren sie diese im Rahmen der Interaktion mit diesen.

2.3   Umsetzung eines Rollenmodells

Unter einer Rolle versteht man die nutzerneutrale Beschreibung einer Funktion, einer Aufgabe oder einer auszuführenden Aktivität. Sie stellt das Kernelement der prozessorientierten Organisation dar.

In der Rollenbeschreibung werden alle Merkmale zu einer Rolle in Abhängigkeit der Ablauforganisation erfasst und personellen oder systemtechnischen Akteuren zugeordnet. Die Zugriffsberechtigungen auf Daten und Systeme werden kontext- und objekttypabhängig unter Berücksichtigung der Produktlebenszyklusphase beschrieben.

Die der jeweiligen Rolle zugeordneten Rechte (Kompetenzen, Befugnisse) und Pflichten (Zuständigkeiten, Verantwortlichkeiten) müssen kommuniziert, verstanden und entsprechend der Befähigung (Wissen, Erfahrung, Werkzeuge, Methoden) der Mitarbeiter wahrgenommen werden.

Die Personalplanung und -entwicklung hat die Aufgabe, die qualitativen und quantitativen Personalbedarfe zu erfassen und entsprechend den zur Verfügung stehenden Mitteln und der Ressourcenbasis zu bedienen. Wesentlich dabei ist die Balance zwischen den Fähigkeiten und der Belastung der Mitarbeiter. Vor allem in Matrixorganisationen ist darauf zu achten, wenn Mitarbeiter für mehrere Rollen/Funktionen eingesetzt werden.

In Unternehmen ist es üblich, die Geschäftsverantwortung auf Unternehmensbereiche zu verteilen. Erfahrungen aus der Umsetzung von PLM in Unternehmen zeigen, dass es nicht zielführend ist, die Verantwortung für diesen Kernprozess als eine Nebenaufgabe des Produkt- oder des IT-Managements, der Normenstelle oder der Qualitätssicherung zu definieren, da es alle Bereiche des Unternehmens, inklusive der Standorte, Partner und Kunden, beinhaltet. Die Managementaufgabe PLM erfordert Kompetenzen, welche im technischen Management verankert sind.

2.4 Flexible Integration der Systeme

Die stärkere Durchdringung technischer Produkte mit Software auf Basis leistungsfähiger, eingebetteter Elektronik und die damit einhergehende Vernetzung durch Anbindung an digitale Datennetzwerke führt zu einer höheren funktionalen Leistungsfähigkeit wie auch zu einer gestiegenen Komplexität.

Man spricht heute im Zusammenhang mit Produkten zunehmend von technischen *Systemen*, unter welchen man interdisziplinäre, technische Konstruktionen aus Mechanik, Elektrik/Elektronik und Software versteht. Diese zeigen vielfältige und komplexe Verhalten und starke innere und äußere Abhängigkeiten im Rahmen ihrer Vernetzung. Produkte in Form von Systemen tauschen mit anderen Systemen Daten aus und sind deshalb stärker einer dynamischen Entwicklung aufgrund des Technologiewandels unterworfen. Dies spiegelt sich in der Art und Weise, wie solche Produkte konzipiert werden, wider. Hinzu kommt, dass die Vielfalt der Möglichkeiten zur Gestaltung dieser Produkte neue Methoden der Produktentwicklung und -gestaltung erfordern. Im Mittelpunkt steht nicht wie bisher die Definition der Geometrie, sondern die Spezifikation der Architektur und der Funktionalität. Damit kommt dem *Requirements Engineering* eine stärkere Bedeutung als bisher zu.

Während in der klassischen Produktentwicklung mechanische Produkte auf Basis von Baukästen, Plattformen, Baureihen und Modulen strukturiert wurden, werden jetzt Ansätze gesucht, welche nicht mehr auf den Zusammenbau von Elementen eines Baukastens ausgerichtet sind, sondern auf die flexible Integration von Teilsystemen.

Das *Produktmanagement* umfasst die Planung, Steuerung

und Kontrolle eines oder mehrerer Produkte (Systeme) von der Bedarfsanalyse im Markt über den Entstehungsprozess bis zur notwendigen Produktbereinigung am Ende des Lebenszyklus mit dem Ziel, den maximalen Kundennutzen zu erreichen (Bild 3).

Bild 3: *Phasenmodell Produktmanagement*

Das Phasenmodell lässt sich wie folgt beschreiben:

▶ *Produktentwicklung:* In dieser Phase stehen die Entwicklung einer erfolgreichen Produktidee, die Durchführung einer Kundennutzenanalyse und die Erstellung eines geeigneten Anforderungsprofils der Zielgruppen im Mittelpunkt der Aktivitäten.

▶ *Markteinführung:* Die zielgerichtete Produktpositionierung, die Erstellung eines Markteinführungsplans und die operative Unterstützung bei der Markteinführung bilden in dieser Phase den Schwerpunkt der Aktivitäten.

▶ *Produktbetreuung:* Dabei geht es um die Entwicklung und Umsetzung des Marketingplans und um eine begleitende Verbesserung und Ergänzung von Produkten auf Basis von Rückmeldungen aus dem Markt.

Die Aufgaben der Marktbeobachtung und des Produktcontrollings sind kontinuierlich über den Produktlebenszyklus mit den in Tabelle 1 dargestellten Inhalten wahrzunehmen.

Phase	Aufgaben
Marktbeobachtung	der Aufbau und die Aktualisierung von Marktwissen, die Beobachtung und Analyse der Mitbewerber und das Begleiten und Analysieren des Kaufverhaltens von Zielgruppen
Produktcontrolling	die Budgetgestaltung für die Produktentwicklung, die Analyse von Umsatz und Gewinn und die Informations- und Entscheidungsvorbereitung für das Management

Tabelle 1: *Aufgaben von Marktbeobachtung und Produktcontrolling*

Die Verantwortung über Elemente oder über das gesamte Produktportfolio wird der Rolle des Produktmanagers übertragen. Dieser ist für die Definition und Umsetzung aller erforderlichen Tätigkeiten und damit für die Erreichung der Produktziele gesamtheitlich verantwortlich. Dabei kommt es darauf an, wie die einzelnen Produktziele mit den Unternehmenszielen (über das gesamte Portfolio) mit den persönlichen Zielen des Produktmanagers abgestimmt sind. Organisatorisch stellt der Produktmanager die entscheidende Schnittstelle zwischen dem (technischen) Vertrieb und der Produktentwicklung dar und steuert den gesamten Produktlebenszyklus.

2.5 Technologiemanagement

Technologie wird als das allgemein zur Verfügung stehende Wissen zur Lösung technischer Probleme verstanden. Technologie bestimmt sowohl Produkte als auch Methoden und Werkzeuge zur Entwicklung und Produktion dieser. Damit beeinflusst sie das Arbeitsumfeld von Mitarbeitern und die Organisation selbst und bildet die Grundlage für das explizite und das implizite Wissen (Know-how) eines Unternehmens.

Technologie unterliegt ähnlich den darauf aufbauenden Produkten einem Lebenszyklus, welcher aus den Phasen Variation, Fermentation, Selektion und Retention bzw. inkrementelle Veränderung besteht (Bild 4).

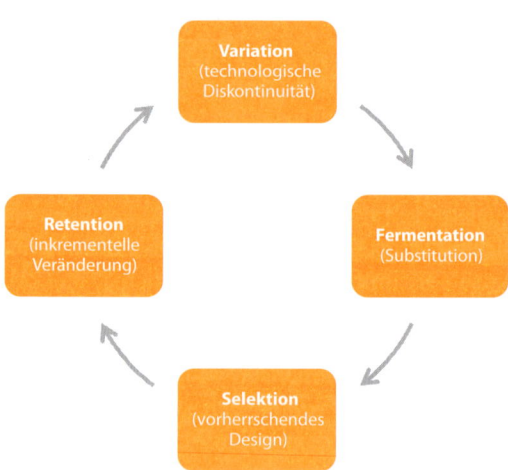

Bild 4: *Geschlossener Technologielebenszyklus [Qian 2002]*

Die in gegenwärtigen Produkten genutzten Technologien werden durch neue Technologien oder durch neuartige Kombinationen bestehender Technologien ersetzt.

Die Substitution alter Technologien ist eine immer wiederkehrende Erscheinung. Wird der Zyklus der Technologieentwicklung unterbrochen, kommt es zu einem Verlust an technologischer Leistungsfähigkeit und zur Stagnation. Aus dem Technologielebenszyklus und dessen Einfluss auf die Wettbewerbsposition lassen sich Technologien wie folgt klassifizieren:

▶ Basistechnologien werden von allen Wettbewerbern beherrscht und stellen die technologische Grundlage einer Branche dar.

▶ Schlüsseltechnologien befinden sich in der Wachstums- und frühen Reifephase. Sie ersetzen Basistechnologien und haben einen starken Einfluss auf die gegenwärtige Wettbewerbsposition des Unternehmens.

▶ Schrittmachertechnologien sind Technologien in der Entstehungsphase. In ihnen wird heute technisches und wissenschaftliches Wissen in anwendungsorientierte Lösungen umgewandelt.

Die Innovationswirkung von neuen Technologien ist meist nicht eindeutig erkennbar. Diese bilden jedoch die Grundlage für Substitutionsprodukte und können sich zu Schlüsseltechnologien entwickeln. Im Gegensatz dazu befinden sich alte Technologien im Substitutionsprozess oder wurden bereits durch andere Technologien ersetzt.

Damit Technologieinvestitionen die geplante Wirkung am Unternehmenserfolg erzielen können, muss Wissen als Kernkompetenz gegenüber den Mitbewerbern in geeigneter Form (Marken, Muster, Patent, Verträge, Verschlüsselung) geschützt werden.

Aus volkswirtschaftlicher Sicht liefert ein geeigneter Schutzmechanismus neben Fördermaßnahmen einen Innovationsanreiz für Unternehmen, was im Idealfall zu Umsatz- und Wirtschaftswachstum führt. Der Schutz des geistigen

Eigentums sichert zudem den Wissenstransfer innerhalb von Kooperationen ab und erhöht die Gleichberechtigung im Wettbewerb.

> Das Produktmanagement stellt den Rahmen für den zielgerichteten Umgang mit Informationen für die Entwicklung, Verwaltung und Pflege von Wissen, Technologie und für die Handhabung von Produktkomplexität dar. Da heute die Wettbewerbsfähigkeit auf Informations- bzw. Wissensvorsprung begründet wird, ist es für den Unternehmenserfolg bestimmend, kreative Ideen zu entwickeln, Innovationen in Produkten und Dienstleistungen umzusetzen und auf Kompetenzaufbau basierende Unternehmensvorteile abzuleiten.

Produktinnovationen sowie ihre schnelle Markteinführung (Produktführerschaft) und Prozessinnovationen, welche eine wirtschaftliche Wertschöpfung (Operational Excellence) ermöglichen, schaffen die Voraussetzung zur effizienten Bereitstellung wettbewerbsfähiger Produkte über Nutzen- und Preisvorteile auf Basis einer gezielten Produktdifferenzierung.

2.6 Dreh- und Angelpunkt: Das Lebenszyklusmodell

Im Kern des Product Lifecycle Management steht das Product-Lifecycle-Modell mit folgenden Annahmen [Steinhardt 2010]:

▶ Physische Produkte weisen (definitionsgemäß) eine zeitlich begrenzte Lebensdauer auf.

▶ Der Produktverkauf durchläuft (eindeutig) unterscheidbare Phasen.

▶ Jede Phase weist bestimmte Charakteristika auf und stellt spezifische Herausforderungen an die Unternehmensorganisation.

Das allgemeine Product-Lifecycle-Modell ist in folgende Phasen gegliedert (Bild 5):

▶ *Entwicklung:* Hier besteht ein hoher Aufwand für die Entwicklungsleistungen, denen kein Umsatz aufgrund des noch bevorstehenden Markteintritts gegenübersteht.

▶ *Einführung:* Kleine Stückzahlen, hohe Werbekosten, geringer Bekanntheitsgrad und in der Regel Anlaufverluste sind in dieser Phase zu berücksichtigen.

▶ *Wachstum:* Die Produktbekanntheit am Markt nimmt zu, der Absatz steigt und es kommt zu ersten Gewinnen. Es finden Markteintritte von Konkurrenten statt. Wachstum ist möglich, da der Markt und seine Segmente noch nicht gesättigt sind.

▶ *Reifung (Sättigung):* In dieser Phase findet ein Kampf um Marktanteile statt. Weiteres Wachstum findet primär durch Verdrängung statt, was zum Teil durch Preissenkungen erreicht wird. Das Wachstum verlangsamt sich und es kommt zu einem Gewinnrückgang. Spätestens in dieser Phase müssen Gewinne in neue Produkte reinvestiert werden, um einen neuen Umsatz-/Gewinnzyklus zu initiieren.

▶ *Abstieg:* Es kommt zum Umsatzrückgang, sofern nicht rechtzeitig Ersatz durch Nachfolgeprodukte entwickelt wird.

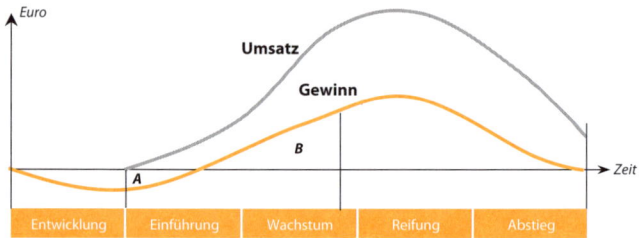

Bild 5: *Phasen im Product Lifecycle*

Je kürzer die Phasen und die Zyklen des Product Lifecycle ausfallen und je größer die Abhängigkeit der Phasen untereinander ist, desto gravierender sind die Auswirkungen von Diskontinuitäten im Product Lifecycle auf den Unternehmenserfolg.

Im Portfoliomanagement werden Wechselwirkungen der Lebenszyklen unterschiedlicher Produkte bzw. Produktfamilien zielgerichtet gesteuert.

Das allgemeine Lebenszyklusmodell lässt sich auf Produkte, Technologien und Unternehmen als Betrachtungsgegenstand in angepasster Form anwenden.

2.6.1 Bedeutung von „Time-to-Market"

Der Faktor „Zeit" hat einen entscheidenden Einfluss auf den Produkterfolg. Dieser stellt eine der bestimmenden Kennzahlen am Product Lifecycle dar (Bild 6):

▶ Time-to-Market: ist der Zeitraum von der Idee bis zur Markteinführung des Produkts.
▶ Pay-off-Time: ist der Amortisationszeitraum für ein Produkt, d.h. Zeitraum bis zum Break-even.

▶ Break-even: ist der Zeitpunkt, zu welchem die Erträge erstmals die bisherigen Aufwände abdecken.

▶ Ertragszeitraum: ist jener Zeitraum, in welchem durch das Produkt Reingewinn erwirtschaftet wird (ab Break-even).

▶ Produktlebenszeit: Zeitdauer, über welche sich das Produkt am Markt befindet.

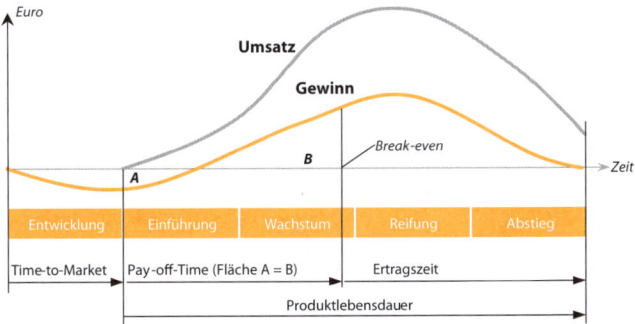

Bild 6: *Kennzahlen am Product Lifecycle*

Für den kommerziellen Erfolg eines Produkts ist die Wahl des richtigen Zeitpunkts für den Markteintritt entscheidend. Durch Technologietrends und die daraus entstehende Nachfrage ergeben sich umsatzförderliche Zeitfenster. Es sollte dabei immer auch das Verhalten der Mitbewerber berücksichtigt werden.

Im Rahmen der Produktprogrammplanung gilt diese Vorgabe für alle Wertschöpfungsbereiche, welche an der Entstehung eines Produkts beteiligt sind.

Der Entwicklungsprozess ist dabei aufgrund der Festlegung der geometrischen und funktionalen Produktanforderungen entscheidend. Diese bestimmen durch die Auswahl von Material, Technologie, Verfahren, Lieferanten usw. die Kosten aller nachfolgenden Wertschöpfungsphasen und damit die Produktkosten. Zudem wird dadurch der aufgrund der vorhandenen Ressourcen und Kompetenzen mögliche Zeitrahmen für die Produkterzeugung bestimmt.

2.6.2 Einfluss der Entwicklungszeit auf den Produktumsatz

Der Einfluss der Entwicklungszeit und damit der Time-to-Market auf das theoretische Umsatzpotenzial zeigt Bild 7. Die Fläche unter der Kurve (Marktpotenzial) entspricht dem theoretischen Umsatzvolumen für ein Produkt in Abhängigkeit der Anzahl der Marktteilnehmer.

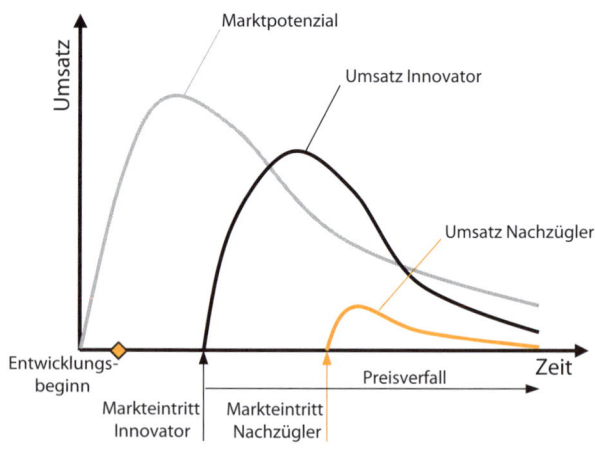

Bild 7: *Einfluss der Entwicklungszeit auf das Marktpotenzial [Feldhusen/Gebhardt 2008]*

Zu einem bestimmten Zeitpunkt entsteht zufolge eines Technologietrends eine Innovationslücke, und mehrere Marktteilnehmer beginnen mit der Entwicklung darauf ausgerichteter Produkte. Der schnellste Marktteilnehmer (Innovator) kann nach kurzer Entwicklungszeit ohne Mitbewerber das vorhandene Umsatzvolumen adressieren. Für den nachfolgenden Marktteilnehmer (Nachzügler) reduziert sich das adressierbare Marktvolumen zufolge der eintretenden Sättigung und des damit einhergehenden Preisverfalls, außer es gelingt diesem, durch neue Innovationen neue Bedarfe zu entwickeln und zu bedienen.

 Ein Anwendungsfall aus der Computerindustrie zeigt, dass man mithilfe von zusätzlichen Investitionen die Time-to-Market und damit den potenziellen Umsatzverlust reduzieren kann. So wurde festgestellt, dass

- die Erhöhung der Entwicklungskosten um 50 % den potenziellen Umsatzverlust um ca. 90 % verringert,
- die Erhöhung der Produktionskosten um 10 % zu einem Umsatzverlust von ca. 22 % führt und
- die Verlängerung der Entwicklungszeit um sechs Monate zu einem Umsatzverlust von ca. 33 % führt.

Nach erfolgreichem Go-to-Market ergibt sich für das Produktmanagement die Zielsetzung eines möglichst langen Ertragszeitraums mit dem vorhandenen Produktportfolio.

Dem entgegen wirken die Markttrends und der Technologiewandel, die Aktivitäten der Mitbewerber und die Sättigung des Marktes.

Möglichkeiten zur Verlängerung der Produktlebensdauer sind abhängig vom Reifegrad des Produkts und werden durch weitere Parameter wie Produktart, aktuelle und bevorstehende Marktbedingungen, Verhalten der Zielgruppen und theoretisch mögliche Produktlebensdauer bestimmt.

Der Phasenübergang im Product Lifecycle ist aufgrund zeitverzögerter Aufzeichnungen aus dem Marketing nicht eindeutig vorherzusagen. Damit gestaltet sich die proaktive und zielgerichtete Steuerung des Product Lifecycle in der Realität schwierig.

2.6.3 Product Lifecycle Management

Ausgehend vom Lebenszyklusmodell für Produkte leitet sich das integrierte Modell des Product Lifecycle Management ab (Bild 8).

Dabei wird das eindimensionale, zeitbezogene Modell des Product Lifecycle um die Dimensionen

▶ wertschöpfende Disziplinen und
▶ Wertschöpfungskette (Lieferkette)

für eine ganzheitliche Betrachtung ergänzt.

▶ Die Dimension der *Lieferkette* ist in der zunehmenden Einbindung von Kunden in die Produktdefinitionsphase wie auch von Lieferanten in den Entwicklungs- und Entstehungsprozess begründet.
▶ Beide Dimensionen berücksichtigen die zunehmende Globalisierung und die dafür erforderliche Flexibilisierung der Geschäftstätigkeit.
▶ Die eingesetzte Technologie beeinflusst dabei direkt das Produkt über dessen Produktlebenszyklus, die Disziplinen und Wertschöpfungskette indirekt über die angewendeten Methoden und Werkzeugen.

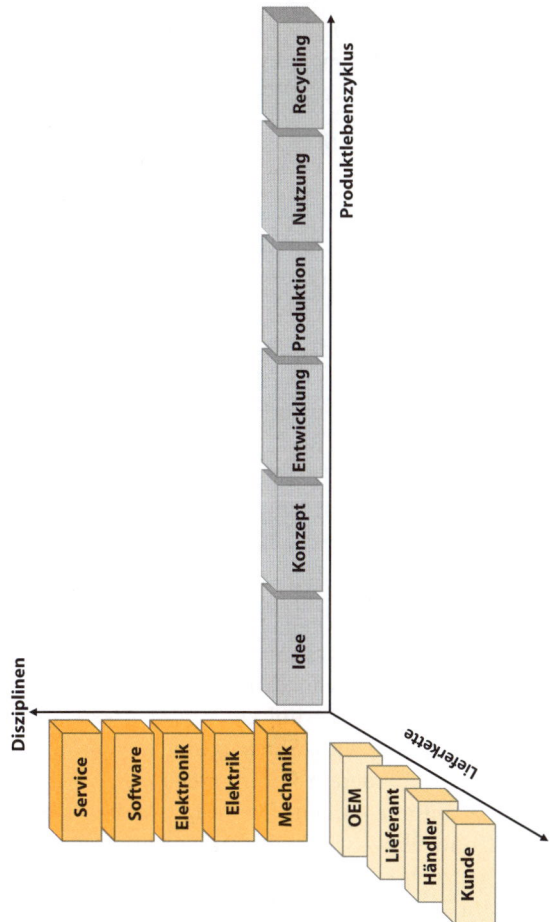

Bild 8: *Multidisziplinäres Product Lifecycle Management [ProSTEP iViP e. V.]*

Ein ganzheitlicher PLM-Ansatz zielt auf eine durchgängige Abstimmung aller produktrelevanten Tätigkeiten und die Integration der damit in Verbindung stehenden Informationen, welche im Verlauf des Produktlebenszyklus geplant, durchgeführt und überwacht werden, ab.

Aufgrund branchenspezifischer, technologischer und organisatorischer Unterschiede zwischen den Unternehmen sind zum Teil erhebliche Unterschiede im inhaltlichen Verständnis und damit in der Erwartungshaltung gegenüber PLM zu beobachten.

Um diese Situation zu verbessern, haben Arbeitskreise und Fachverbände, wie z. B. der Verband Deutscher Maschinen- und Anlagenbau (VDMA) oder der Verband der Automobilindustrie (VDA) mit Unterstützung von Universitäten Richtlinien und Orientierungshilfen erarbeitet, welche eine Begriffserklärung bereitstellen und eine strukturierte Entscheidungsfindung unterstützen sollen [Sendler 2009]:

▶ Product Lifecycle Management ist ein Konzept, kein System und keine (in sich abgeschlossene) Lösung.

▶ Zur Umsetzung/Realisierung eines PLM-Konzepts werden Lösungskomponenten (Softwaretools) benötigt. Dazu zählen unter anderem Computer-Aided Engineering (CAE), Computer-Aided Planning (CAP), Computer-Aided Controlling (CAQ), Virtual Reality (VR), Product Data Management (PDM) und weitere Applikationen, welche im Rahmen des Produktentstehungsprozesses zum Einsatz kommen.

▶ Schnittstellen zu anderen Anwendungsbereichen wie Enterprise Resource Planning (ERP), Manufacturing Execution System (MES), Supply Chain Management (SCM) oder Customer Relationship Management (CRM) sind Komponenten eines PLM-Konzepts und dienen der Integration des Produktentstehungsprozesses mit den anderen Kernprozessen des Unternehmens.

▶ Die gewachsene Komplexität der Informationstechnik ist ein Spiegelbild der gewachsenen Prozesskomplexität, welche sie unterstützen soll.

▶ PLM-Anbieter offerieren Komponenten und/oder Dienstleistungen wie Prozessberatung und Systemintegration zur Umsetzung von PLM-Konzepten.

3 Prozessorientierung als Voraussetzung für PLM

WORUM GEHT ES UND WAS BRINGT ES?

Geschäftsprozesse stellen den Kunden und die Beziehung zu diesem in den Mittelpunkt des unternehmerischen Planens und Handelns und bestehen aus funktions- und organisationsübergreifenden Verknüpfungen von Aktivitäten zur kundenorientierten Leistungserbringung.

Jeder Prozess besteht aus einer Anforderung, einem Input, einem Arbeitsschritt, einem Ergebnis (Output), einem Verantwortlichen und einer Zielgröße. Er dient dem Zweck der Belieferung eines internen oder externen Kunden und kann selbst Lieferanten besitzen.

Die Prozessorientierung weist konkrete Implikationen auf die Unternehmensorganisation auf – Organisation und Prozesse werden über ein Rollenmodell miteinander verbunden. Bei der historischen Funktionsorientierung von Unternehmen ist jede Funktion/Abteilung auf eine Disziplin spezialisiert.

Kennzeichen einer prozessorientierten Organisation

- Eine starke Kundenorientierung,
- Ausrichtung am Gesamtergebnis,
- die Reduzierung von Arbeitsteilung gegenüber funktional orientierten Organisationen, Auflösung des Bereichs- und Abteilungsdenkens,
- Reduktion des Koordinationsaufwands durch Aufbau von Kunden-Lieferanten-Beziehungen im Unternehmen,
- Schnittstellenbeschreibungen (prozessual) anstelle von Stellenbeschreibungen,
- eigenverantwortliches, selbständiges Handeln wird durch Zusammenfassung von planenden, ausführenden und kontrollierenden Arbeiten (vertikale Integration) gefördert, Vergabe umfangreicher Entscheidungskompetenzen an Mitarbeiter,
- prozessorientierte Koordinationsmechanismen wie Selbststeuerung von Teams anstelle von übertriebener Formalisierung,
- Systemunterstützung durch geeignete Informationstechnologie,
- die Organisation ist auf Anpassung auf veränderliche Randbedingungen ausgerichtet.

Geschäftsprozesse stellen neben dem Produkt- und Technologie-Know-how Kernkompetenzen im Unternehmen dar und tragen maßgeblich zum Auf- und Ausbau derselben bei. Die Prozessorientierung ermöglicht es, flexibel auf veränderte Anforderungen der Kunden und des Marktes zu reagieren. Die Orientierung auf ein gemeinsames Gesamtziel ergibt eine Koordinationswirkung zwischen den Abteilungen und unterstützt die Durchgängigkeit in der Zusammenarbeit.

Aus der Unternehmensstrategie leiten sich bestimmende Faktoren für die Ausprägung des Geschäftsprozessmodells ab. Diese sind:

▶ Auftrags- und Produkttypen: Auftragsarten, wie Lieferung einer Ware oder Entwicklung eines Produkts; Produkttypen, wie z. B. Softwareprodukte oder eine Papiermaschine.
▶ Wertschöpfungstypen: Bei Produktionsunternehmen versteht man darunter den Produktionstyp, wie Auftrags- oder Serienfertigung.
▶ Kooperationstypen: Damit wird festgelegt, welche Produkte oder Leistungen von Lieferanten einem Prozess zugeliefert werden.

Folgende Produktionstypen lassen sich unterscheiden, (Bild 9):

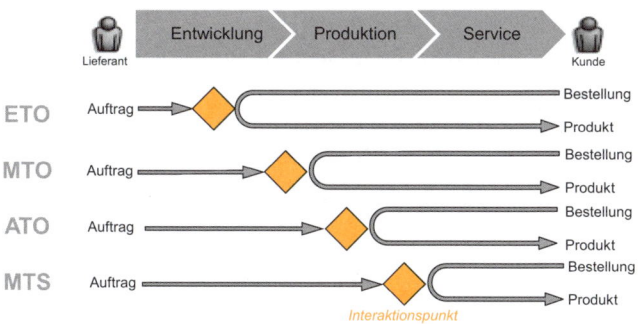

Bild 9: *Kundeninteraktionspunkt nach Produktionstypen*

▶ *Engineer-To-Order (ETO)*, oft auch als Design-to-Order (DTO) bezeichnet. Dabei werden die einzelnen Teile für jede Kundenbestellung eigens konstruiert und gefertigt. Auch wenn das Endprodukt Standardteile enthält, ist also für das Produkt ein eigener Produktionsablauf mit spezifischer Stückliste erforderlich. Typisch ist dieser Ansatz im Bereich der Bauwirtschaft, beim Bau von Großanlagen sowie bei der klassischen Fertigung von Einzelstücken.

▶ *Make-to-Order (MTO)*, oft auch Build to Order (BTO), steht für die klassische Auftragsfertigung. Die Waren werden erst produziert, wenn ein konkreter Kundenauftrag vorliegt. MTO bezeichnet also einen Ansatz, bei dem häufig genutzte Materialien und Komponenten zwar gelagert werden, die Weiterverarbeitung zu höherwertigen Waren jedoch erst nach dem Auftrag eines Kunden erfolgt.

▶ *Assemble-to-Order (ATO):* bezeichnet eine Mischform aus Lagerfertigung und Auftragsfertigung. Grundgedanke ist eine auftragsneutrale Vorfertigung, die mit einer kundenspezifischen Endfertigung oder Montage verbunden ist. ATO ist also ein Fertigungsansatz, bei dem Waren erst bei einer Kundenbestellung und nicht auf Vorrat fertig produziert werden. Beim Herstellungsprozess werden standardisierte Komponenten wie Module oder Baugruppen verwendet, die aufgrund der vermuteten Nachfrage vorproduziert worden sind.

▶ *Make-to-stock (MTS):* Die Produktion erfolgt auf Basis von Absatzprognosen zur geschätzten Nachfrage. Die Produktion wird durchgeführt und eingelagert. Bei Auftrag wird aus dem Lager verkauft.

Aufgrund der Flexibilisierung von Wertschöpfungsmodellen wird eine steigende Kompetenz für unterschiedliche Produktions- als auch Kooperationstypen bei steigender Wertschöpfungstiefe immer wichtiger. Damit wächst der Bedarf an IT-Lösungen für eine sichere, flexible und leistungsfähige Datenbereitstellung.

Das zentrale Ziel des Prozessmanagements ist, durch eine konsequente Ergebnisorientierung den Kundennutzen zu kreieren, zu liefern und (nachhaltig) abzusichern. Dazu sind die erforderlichen Kernprozesse im Geschäftsprozessmanagement, wie z. B. PLM, CRM, ERP und SCM zu definieren und im Unternehmen zu implementieren. Die Struktur und Vernetzung der relevanten Geschäftsprozesse wird in einem Geschäftsprozessmodell dargestellt und kommuniziert.

 PLM mit seiner Ausrichtung auf den gesamten Product Lifecycle – von der Produktidee bis zum Produktauslauf – ist der wesentliche Kernprozess, welcher alle Aspekte des Kundennutzens abdeckt.

WIE GEHE ICH VOR?

3.1 Prozesse klassifizieren und im Geschäftsprozessmodell abbilden

Zur Beschreibung der Prozesswelt eines Unternehmens werden Standardmodelle, wie z. B. das Branchenmodell für Serienproduktion, oder Referenzmodelle, wie z. B. das Modell von Siemens oder SCOR, herangezogen und an die spezifische Unternehmenssituation angepasst. Die wichtigsten Geschäftsprozesse werden hierarchisch (Ebenen) dargestellt (Bild 10).

Bild 10: *Geschäftsprozessmodell Firma Reinhausen [vereinfacht, Moll/ Kohler 2014]*

Jedes Geschäftsprozessmodell beginnt und endet beim Kunden/Markt. Zur Übersichtlichkeit werden Kern- oder Primärprozesse entsprechend ihrem Wertbeitrag am Unternehmensziel klassifiziert und mit deren Abhängigkeiten dargestellt. Zudem werden die Prozessverantwortlichen und die Prozessobjekte definiert.

▶ Ebene 1: Kern-, Leistungs- und Unterstützungsprozesse, wie z. B. Entwicklung (PLM).

▶ Ebene 2: Prozessvarianten oder Teilprozesse, wie z. B. Kundenbeziehungsmanagement (CRM).

▶ Ebene 3: Prozessketten mit Prozessschritten, wie z. B. die Lieferkette (SCM).

▶ Ebene 4: Beschreibung von ereignisgesteuerten Prozessketten mit Elementen, Arbeitsschritten, z. B. Lieferant auswählen.

Die Prozessebenen werden in Bezug auf die Verantwortung zum Prozesserfolg über das Rollenmodell den Managementebenen der Organisation zugeordnet.

 Ein konsistentes und durchgängiges Prozessmodell ist eine wesentliche Voraussetzung für die optimale Auslegung der IT-Architektur und damit für eine effiziente Leistungserbringung entlang der Wertschöpfungskette.

3.2   Referenzprozessmodelle nutzen

Referenzmodelle bieten dem Anwender Best Practices und können sowohl auf globale und nationale Verbandsempfehlungen und Richtlinien, wie z. B. VDA, als auch auf Standards, wie z. B. der ISO 9001, Bezug nehmen.

Bild 11 zeigt als Beispiel das Branchenreferenzmodell Automotive nach ISO/TS 16949:2009, welches durch die im Oktober 2016 veröffentliche Neufassung als IATF 16949:2016 abgelöst wurde.

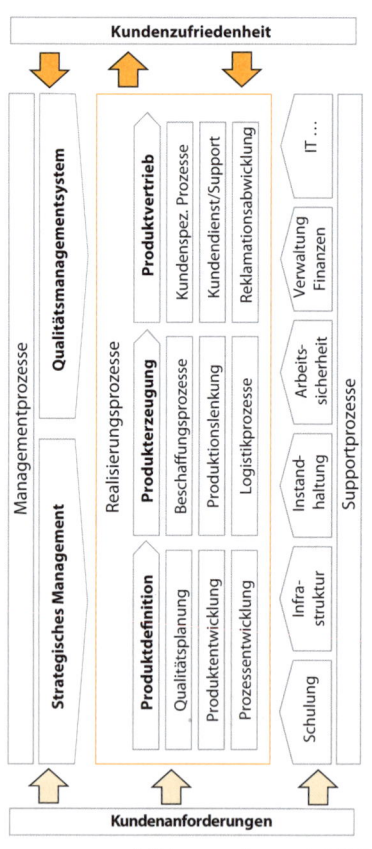

Bild 11: *Referenzprozessmodell Automotive nach ISO/TS 16949:2009*

In diesem Modell wird eine Klassifizierung nach Management-, Realisierungs- und Supportprozessen getroffen. Die Realisierungsprozesse werden auf einem generischen Product Lifecycle aufgehängt und beispielsweise für die erste Phase „Produktdefinition" die Teilprozesse Qualitätsplanung, Produktentwicklung und Prozessentwicklung definiert.

Dieses Modell wird zur Qualifizierung und Zertifizierung von Lieferanten herangezogen. Derartige Zertifikate weisen zeitlich begrenzte Gültigkeit auf und müssen nach Ablauf erneuert werden. Informationen über dessen Inhaber und Gültigkeit können unter http://iatf-customerportal.org/ überprüft werden.

Mit Bezug auf den PEP, Qualität und PLM können folgende Neuerungen in der Revision 2016 angeführt werden:

- ▶ Die Geschäftsführung hat sicherzustellen, dass Qualitätspolitik und Qualitätsziele mit der strategischen Ausrichtung und dem Kontext des Unternehmens vereinbar sind.
- ▶ Prozesseingaben (Inputs) und Prozessergebnisse (Outputs) müssen festgelegt werden.
- ▶ Die Messung von Leistungsindikatoren (Kennzahlen) oder die Festlegung von Verantwortlichkeiten sind künftig vorgegeben.
- ▶ Im Fokus stehen unter anderem Produkte mit integrierter Software und das Management des Gewährleistungsprozesses, auch für NTF- (No Trouble Found-) Befunde.
- ▶ Produktrückverfolgbarkeit zur Eingrenzung von Fehlern und zur Nachweisführung der Wirksamkeit von Prozessen ist ebenfalls Schlüsselelement der neuen Norm.
- ▶ Mit softwaregestützter Dokumentation des Management-

systems oder dem Einsatz von PLM-Systemen kann diese Forderung erfüllt werden.

Als weiteres Beispiel kann das Supply-Chain-Operations-Reference-Modell (SCOR) des Supply Chain Councils angeführt werden. Es dient der Gestaltung, Beschreibung, Analyse und Bewertung von unternehmensinternen und -externen Lieferketten (Supply Chains).

3.3 Integriertes Geschäftsprozess- management etablieren

Hauptziel des integrierten Geschäftsprozessmanagements ist es, die definierten Geschäftsprozesse im Hinblick auf Produktivität, Flexibilität und Kostentransparenz zu steuern und zu optimieren. Folgende Inhalte werden den Phasen zugeordnet (Bild 12):

▶ Prozessführung: Entwicklung einer Prozesskultur und Motivation der Mitarbeiter zur Identifikation mit neuer Denk- und Arbeitsweise.
▶ Prozessorganisation: Aufbau eines Geschäftsprozessmodells mit Rollen, Verantwortlichkeiten und Integration in die Unternehmensorganisation.
▶ Prozesscontrolling: Definition von Prozesszielen und Messgrößen, Kontrolle und Berichtswesen zu den Prozessleistungen, Durchführung von Prozessbewertungen (Assessment, Audit).
▶ Prozessoptimierung: kontinuierliche Optimierung von Prozessen in Bezug auf die Prozessziele.

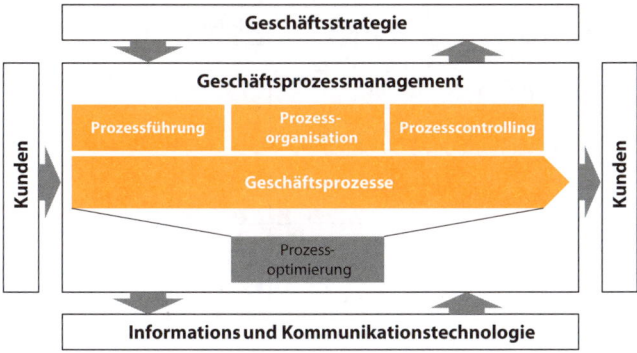

Bild 12: *Modell des integrierten Geschäftsprozessmanagements [Schmelzer/Sesselmann 2008]*

Die Aktivitäten des Geschäftsprozessmanagements stellen Supportprozesse zum Wertschöpfungsprozess dar.

3.4 Durchgängiges Rollenmodell umsetzen

Prozessaktivitäten sowie die Erzeugung und Nutzung der mit ihnen verbundenen Prozess- und Produktdaten werden von Akteuren durchgeführt. Diese können entweder Mitarbeiter, externe Leistungserbringer oder Systemfunktionalitäten sein. Die Zuweisung von Akteuren zu einzelnen Prozessaktivitäten und deren Berechtigungen an den entsprechenden Prozess- bzw. Produktdaten wird mithilfe des Rollenmodells festgelegt (Tabelle 2).

Fokus	Rolle	Aufgaben	Global	Region	Bereich
Strategisch	Process Sponsor	Unterstützt, treibt	X	X	
	Process Framework Executive	Standardisiert Methoden, sichert Kompatibilität	X	X	
Operativ	Process Owner	Verantwortet Prozess, Umsetzung	X	X	X
	Process Manager	Implementiert und optimiert	X	X	X

Tabelle 2: *Rollenmodell aus dem Siemens Process Framework*
[Schmelzer/Sesselmann 2008]

Die Zuständigkeiten bzw. Verantwortlichkeiten von Rollen beziehen sich demnach auf die strategische bzw. operative Prozessebene:

▶ Der Process Sponsor ist Mitglied des Topmanagements und treibt die Umsetzung des Frameworks im Unternehmen über alle Regionen voran.
▶ Der Process Executive setzt die Unternehmensstandards um und optimiert Prozesse.
▶ Der Process Framework Executive stellt die Einhaltung der Standards und Methoden sicher.

Die operative Prozessebene erhält ihre Vorgaben aus der strategischen Prozessebene und adressiert deren Umsetzung in den Divisionen und Standorten des Unternehmens. Folgende Rollen werden dazu definiert:

▶ Der Process Owner ist für den Prozess und dessen Umsetzung verantwortlich. Dieser wird auf Basis von Prozesszielen und Messgrößen bewertet.

▶ Der Process Manager implementiert und optimiert die ihm zugewiesenen Teilprozesse.

Bei der Definition des Rollenmodells ist auf eine der Zielsetzung entsprechenden Ausprägung zu achten.

3.5 Prozesse anhand eines Reifegradmodells bewerten

Die operative Steuerung von Geschäftsprozessen setzt eine mit der Prozessplanung abgestimmte Prozesskontrolle voraus, welche die Erfassung der Messgrößen, Soll-Ist-Vergleich, Ursachenermittlung für Abweichungen und Erarbeitung von Korrektur- und Vermeidungsmaßnahmen liefert, vgl. dazu PDCA-Zyklus.

Operative Prozesskontrolle kann auf Basis von periodischen Selbstbeurteilungen und Assessments mit dem Fokus auf das „Wie" oder auf Basis von extern durchgeführten Audits mit dem Fokus auf das „Ob" und laufenden Leistungskontrollen erfolgen.

Selbstbewertungen werden mithilfe von Reifegradmodellen durchgeführt, welche auf Basis von aussagekräftigen Kriterien den Reifegrad eines Prozesses in Stufen ausweisen (Bild 13).

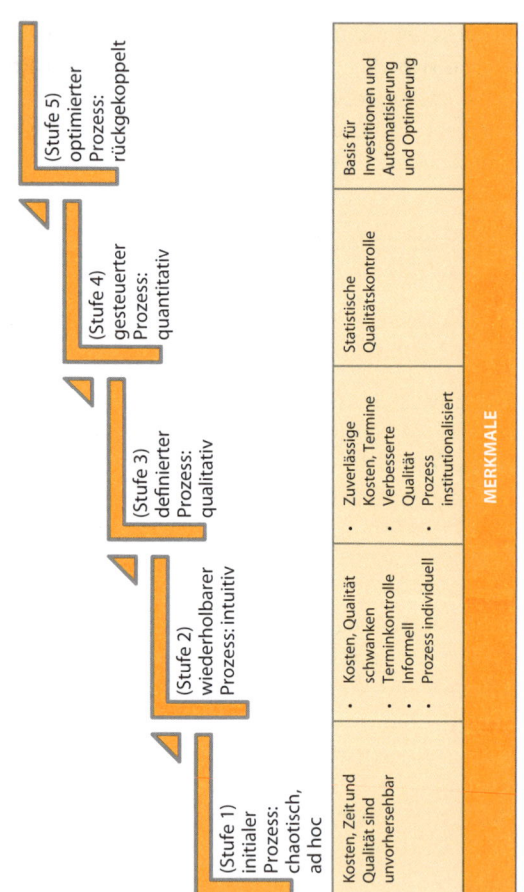

Kosten, Zeit und Qualität sind unvorhersehbar	• Kosten, Qualität schwanken • Terminkontrolle • Informell • Prozess individuell	• Zuverlässige Kosten, Termine • Verbesserte Qualität • Prozess institutionalisiert	Statistische Qualitätskontrolle	Basis für Investitionen und Automatisierung und Optimierung
(Stufe 1) initialer Prozess: chaotisch, ad hoc	(Stufe 2) wiederholbarer Prozess: intuitiv	(Stufe 3) definierter Prozess: qualitativ	(Stufe 4) gesteuerter Prozess: quantitativ	(Stufe 5) optimierter Prozess: rückgekoppelt

MERKMALE

Bild 13: *Reifegradmodell für Geschäftsprozesse [strategietools.com]*

Jeder Reifegrad im Modell stellt einen konkreten Nutzen-faktor für die Erreichung der Unternehmensziele dar. Nach dem angeführten Reifegradmodell bezeichnet man Prozesse in Stufe 1 (= Reifegrad) als chaotisch, in Stufe 2 als intuitiv usw.

Zu den Reifegraden werden qualitative Prozessmerkmale angeführt. Auf Basis von Checklisten aus Normen und Standards werden Bewertungen des Reifegrads vorgenommen.

Bekannte Reifegradmodelle aus der Literatur sind GPM, CMM, SPICE/ISO 15504, ISO 9000 und PMMA.

3.6 Prozessqualität erfassen und absichern

Bei der Ausführung von Prozessen sind die Vorgaben im Rahmen der Prozessbeschreibung und aller referenzierten Vorgaben sowie die festgelegten Prozessziele zu beachten. Der Prozessverantwortliche trägt diesbezüglich die Koordinations- und Ergebnisverantwortung.

Die Steuerung erfolgt durch regelmäßiges Messen und Durchführung von Soll-Ist-Abgleichen. In Prozessbesprechungen werden die Ergebnisse daraus und erforderliche Maßnahmen diskutiert und wird der physische Kontakt zwischen den Akteuren gepflegt.

Bei Abweichungen wird ein Verbesserungszyklus (PDCA-Zyklus) angestoßen, werden erforderliche Maßnahmen definiert und eingeleitet und deren Auswirkungen auf das Prozessergebnis überprüft. Ebenso werden im Rahmen der Prozessabwicklung erkannte Verbesserungspotenziale geprüft und umgesetzt (Bild 14).

Für die Erfassung der Qualität der Kernprozesse werden direkt am Prozess Messgrößen wie z.B. Kapazitäten, Kosten, Fehlerrate, Durchlauf- und Zykluszeiten erfasst. Diese besit-

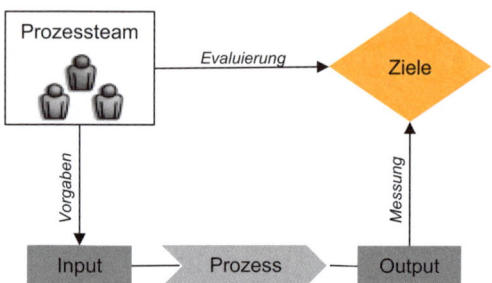

Bild 14: *Schematischer Ablauf der Prozessoptimierung*

zen eine hohe Aktualität und Aussagekraft. Daraus werden
für das Management Kennzahlen wie Produktivität, Flexibilität und Produktqualität abgeleitet.

Die Prozessqualität kann erst nach abgeschlossenen Leis-
tungserbringungen auf Basis von Qualitätskosten für Planung, Absicherung und Reparatur bestimmt werden. Diese
weisen den Nachteil auf, dass sie nicht zum Zeitpunkt des
Entstehens erfasst werden können und aufgrund der indirek-
ten Beziehung zur Fehlerursache eine eingeschränkte Aussagekraft besitzen.

Zur Erfassung der Kundenzufriedenheit (Kundennutzen)
und der Lieferantenqualität werden Befragungen zu aufge-
tretenen Fehlern, Problemen, Reklamationen wie auch zu
Verbesserungsvorschlägen durchgeführt.

Mithilfe der Erfassung von Prozesskosten wird die Bewertung der Prozessqualität ergänzt, da diese Prozessabweichun-
gen sichtbar und Auswirkungen durch Verbesserungen quan-
tifizierbar machen.

Folgende Kennzahlen werden aus dem Siemens-Prozess-
haus für den Referenzprozess PLM vorgeschlagen [Schmel-
zer/Sesselmann 2008]:

▶ Quality of target cost calculation: Qualität der Zielkosten-bestimmung, also die Abweichung zwischen geplanten und erreichten Zielkosten.

▶ Quality of lead time planning conception: Qualität der Vorlaufzeit zur Konzeptplanung.

▶ Quality of lead time planning realization: Qualität der Vorlaufzeit zur Umsetzungsplanung.

▶ Quality of lead time planning bid proposal: Qualität der Vorlaufzeit zur Angebotserstellung.

▶ Quality of implementation time planning: Qualität der Umsetzungszeitplanung.

Diese Kennzahlen haben sich in der Anwendung als englische Begriffe etabliert.

Das Design-Chain-Operations-Reference-Modell (DCOR) als Teil des SCOR-Modells bietet weitere Messgrößen für den Produktentwicklungsprozess an (Tabelle 3).

Potenziale	Messgröße
Verfügbarkeit	„Optimiertes Design" Änderungen pro Entwicklung
Reaktionszeit	Dauer des Entwicklungszyklus Zeitaufwand für Änderungen
Flexibilität	Entwicklungszeiten Produkte
Kosten	Gesamtkosten Entwicklung Gesamtkosten Änderungen
Asset Management	Return on Design (Chain) Assets Personalaufwand pro Entwicklung
Innovationsgrad	First deliver to market Schutzgegenstände pro Entwicklung (Patente, Muster)

Tabelle 3: *Potenziale und Messgrößen nach DCOR Level 1*

Für ausgewählte Potenzialfelder des Entwicklungsprozesses, wie z. B. der Prozessverfügbarkeit, -reaktionszeit, -flexibilität und -kosten, werden geeignete Messgrößen angeführt.

Zur Bewertung von „Entwicklungs-Assets" und des Innovationsgrads werden weitere Messgrößen vorgeschlagen.

 Bei der Anwendung von Messgrößen ist deren Aussagefähigkeit in Bezug auf die Prozessanforderung zu beachten. Stehen Messwerte von Vergleichs- oder Referenzprozessen zur Verfügung, kann auf deren Basis eine Prozessbewertung (Benchmarking) durchgeführt werden.

Weitere Methoden zur Prozessbewertung sind das Assessment und das Audit. Beide können auf Basis von Normen und Standards, wie z. B. ISO 9001, selbständig im Unternehmen oder unter Einbindung externer Auditoren durchgeführt werden.

Im Falle einer Lieferantenbewertung führt ein Auditor des Kunden die Bewertung durch. Dabei können neben den Vorgaben der Norm weitere kundenspezifische Prozessanforderungen gefordert werden.

3.7 Produktdaten verwalten

Zur Verwaltung von Produktdaten werden Produktdatenmanagement-Systeme (PDM) verwendet. Diese bestehen vereinfacht dargestellt aus einer Anwenderoberfläche, einer Datenbank zur Verwaltung von Metadaten und einem Fileserver (Vault) zur gesicherten Ablage von Dateien und Dokumenten. Für den Datenaustausch mit Autorensystemen, wie z. B. CAD, oder weiteren Verwaltungssystemen, wie z. B.

Enterprise Resource Planning, werden Schnittstellenprogramme eingesetzt.

Bei der Verwaltung von Produktinformationen unterscheidet man zwischen Metadaten und Datenobjekten.

▶ Metadaten sind Informationen über Datenobjekte und deren Beziehungen untereinander, wie z. B. eine Teilenummer oder ein Dateiname. Die Zuordnung einer Zeichnung zu einem Bauteil ist ein Beispiel für eine Beziehungsinformation.

▶ Datenobjekte können Dokumente, Zeichnungen, CAD-Modelle etc. repräsentieren.

Ein Metadatenmodell dient zur Abbildung von Produkt- bzw. Erzeugnisstrukturen sowie des zugehörigen Entstehungsprozesses. Es wird auch als Makromodell bezeichnet, da es eine grobe Sicht auf das Produktmodell ermöglicht. Ausgehend von den Attributen des Makromodells gelangt man zu den Mikromodellen (Bild 15).

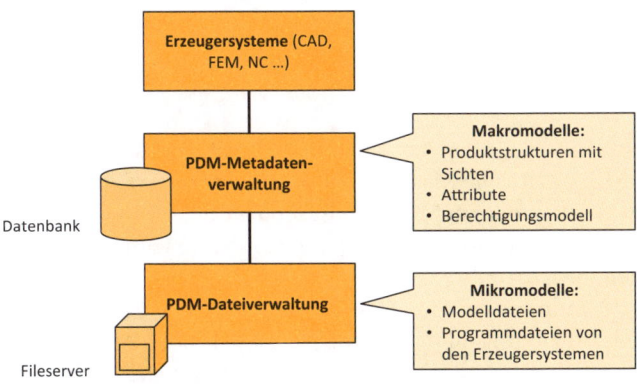

Bild 15: *Produktdatenverwaltung im PDM-System*

Das zentrale Verwaltungsobjekt ist das Bauteil oder der Artikel, welchem beschreibende Dokumente zugeordnet sein können.

Unter dem Knoten der Produktstruktur versteht man eine Stücklistenposition, welche auf einen Artikelstamm verweist. Diesem können beliebig viele Dokumente zugeordnet werden (Bild 16).

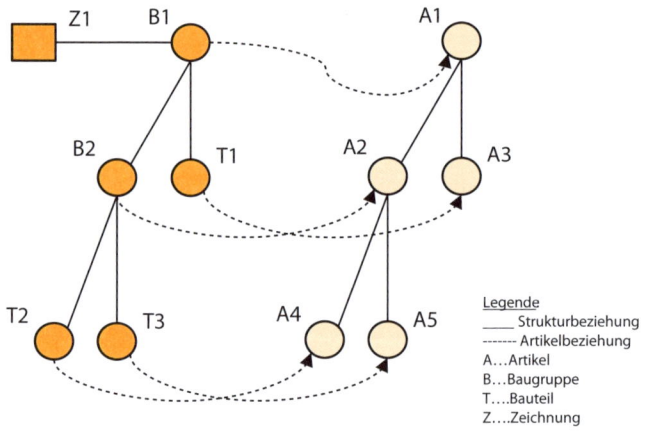

Bild 16: *Produktkonfiguration auf Basis von Artikeln und Dokumenten*

Die Teile- oder Artikelnummer dient zur Identifizierung des Bauteils. Die Klassifikation von Bauteilen erfolgt mithilfe von Attributen im Metadatensatz oder durch die Anwendung einer Klassifikationsstruktur auf Basis von Sachmerkmalleisten (SML).

Nummernsysteme müssen eine eindeutige Beschreibung, Klassifizierung und einfache Recherche über Attribute ermöglichen. Produktinformationen können neben technischen auch kommerzielle Daten, wie z.B. Preise beinhalten.

Das Modell der Metadaten- und Objektdatenverwaltung bildet die Grundlage für die Verwaltung von Produktinformationen. Von den Verwaltungssystemen werden dafür Basisfunktionen, wie das Produktstruktur-, das Dokumenten- und das Konfigurationsmanagement, sowie die Klassifikation von Produktdaten bereitgestellt.

3.7.1 Produktstrukturmanagement

Der Kern des Metadatenmodells ist die Produktstruktur. Darunter versteht man ein produktdarstellendes Modell, das die Struktur und damit den Zusammenhang nach festgelegten Kriterien abbildet und damit einen logischen Zusammenhang zwischen dem Produkt und seinen Bestandteilen herstellt.

Eine Stückliste ist die Darstellung aller Komponenten, Systeme, Baugruppen, Einzelteile, Halbzeuge und Werkstoffe, die in ein Erzeugnis eingehen. Stücklistensysteme ermöglichen die Verwaltung von Grunddaten. Diese gliedern sich in Stammdaten und in Strukturdaten (Tabelle 4).

Stammdaten (Artikel)	Strukturdaten (Stücklisten)
Kundendaten	Arbeitsplandaten
Lieferantendaten	Kundenstrukturdaten
Lagerinformationen	Kundenkonditionen
Personaldaten	Lieferantenkonditionen
Arbeitsplatzdaten	Strukturtexte
Betriebskalender	Zuordnungstexte
Kostenstellen	...

Tabelle 4: *Grunddaten für Produktstücklisten*

Stammdaten sind Daten, welche selbständig, ohne Beziehung zu anderen Daten, aussagefähig sind, z. B. Artikel- oder Produktdaten. Strukturdaten stellen die verschiedenen Formen der Produktstruktur, wie z. B. die Beziehungen zwischen Stammdaten, dar. Informationstechnisch sind Stücklisten spezielle Darstellungsformen hierarchischer Produktstrukturen. Im Vergleich dazu liefert der Teileverwendungsnachweis die Information, in welchen übergeordneten Baugruppen ein bestimmter Gegenstand verbaut ist.

Bezüglich des Anwendungsfalles unterscheidet man verschiedene Formen von Stücklisten [Eigner/Stelzer 2009]. Diese können sich auf die mengenmäßige Zusammensetzung von Produkten beziehen (Mengenstückliste), sie können aber auch den strukturellen Aufbau eines Erzeugnisses wiedergeben (Strukturstückliste):

▶ Die *Mengenstückliste* ist eine unstrukturierte Darstellungsform, welche lediglich die Mengen untergeordneter Elemente auflistet. In ihr werden alle Teile mit ihren Gesamtmengen aufgelistet, welche in den betrachteten Gegenstand eingehen.

▶ Die *Baukastenstückliste* zeigt nur die direkt untergeordneten Elemente mit ihren Mengen. Untergeordnete Baugruppen einer Baukastenstückliste für ein Endprodukt können wieder in weitere Stücklisten zerfallen.

▶ Eine *Strukturstückliste* ist eine Kombination aus der Mengen- und der Baukastenstückliste.

▶ Die *Variantenstückliste* ist eine Zusammenfassung mehrerer Stücklisten auf einem Vordruck, um verschiedene Gegenstände mit einem hohen Anteil identischer Bestandteile gemeinsam anzuführen.

Durch den systematischen Aufbau einer variablen Produktstruktur mithilfe von Baureihen und Baukästen sowie durch Maßnahmen zur Komponentenwiederverwendung kann der zunehmenden Produktkomplexität entgegengewirkt werden. In den Phasen des Entwicklungsprozesses wird die Produktstruktur aus verschiedenen Sichten interpretiert (Bild 17).

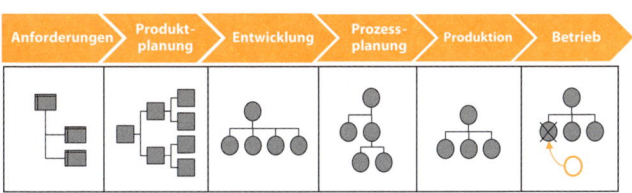

Bild 17: *Phasenabhängige Ausprägung der Produktstruktur [Eigner/Stelzer 2009]*

Zu Beginn steht die Anforderungsstruktur, aus welcher über die funktionale Beschreibung die Entwicklungsstückliste entsteht. Daraus werden die weiteren Stücklisten abgeleitet.

Das PDM-System muss alle erforderlichen Ausprägungen der Produktstrukturen im Entwicklungsprozess verwalten können. Die Planungs-, Produktions- und Wartungsstücklisten werden in der Regel im ERP-System aufgebaut. Für die Durchgängigkeit in der Produktdokumentation bedarf es eines integrierten Daten- und Prozessmodells zwischen allen eingesetzten Systemen.

3.7.2 Dokumentenmanagement

Das integrierte Dokumentenmanagement ermöglicht die Verwaltung aller Arbeitsergebnisse aus den Autorensystemen, wie Modelle, Zeichnungen und Stücklisten.

Zur Konsistenzerhaltung der Dokumente bedienen sich PDM-Systeme sogenannter Check-in/Check-out-Mechanismen, mit deren Hilfe der kontrollierte Zugriff auf Dokumente gesteuert wird. Wird ein Dokument von einem Akteur bearbeitet, so ist es für den weiteren Zugriff gesperrt. Über die Versions- und Revisionssteuerung wird sichergestellt, dass zu jedem Zeitpunkt die gültige Dokumentversion zur Verfügung steht. Logische Speicherbereiche (Vaults) können für spezifische Projekte oder Benutzergruppen angelegt werden und gewährleisten eine effiziente Datenablage. Zur Übersichtlichkeit werden Dokumente auf Basis folgender Merkmale klassifiziert:

▶ Dokumententyp: Dokumente werden nach unterschiedlichen Typen unterschieden.
▶ Benennung: Ein Dokument kann eine oder mehrere Benennungen haben. Bei einer Eins-zu-eins-Beziehung zum Artikelstamm kann die Artikelbenennung automatisch übernommen werden.
▶ Status und Reifegrad: Jedem Dokument wird ein eindeutiger Status und Reifegrad zugewiesen.
▶ Änderungsnummer (-index): Diese kann jedem Dokument über eine Änderungshistorie zugewiesen werden.

Über das Workflowmanagement wird der Änderungs- und Freigabeprozess im PDM-System für Dokumente und Artikel funktional unterstützt.

Die im Autorensystem erstellten Dokumente werden über

ein Schnittstellenprogramm im PDM-System abgelegt. Die Güte der Integration wird durch die Leistungsfähigkeit der verfügbaren Schnittstellenprogramme bestimmt. Diese reicht von der einfachen Referenzierung der Dokumente im PDM-System bis hin zum gegenseitigen Austausch von Metadaten und Produktstrukturen.

3.7.3 Konfigurationsmanagement

Den Stand einer Produktstruktur mit den zugeordneten Dokumenten zu einem bestimmten Zeitpunkt bzw. definierten Auslieferungsstatus bezeichnet man als Konfiguration. Durch Versionierung eines darin enthaltenen Dokuments oder Bauteils wird eine neue Konfiguration erzeugt.

Das Konfigurationsmanagement beinhaltet alle dafür erforderlichen Regeln, wie die zur:

▶ Bestimmung und Dokumentation funktionaler und physikalischer Eigenschaften des Konfigurationsobjekts,

▶ Steuerung der Eigenschaftsänderungen,

▶ Aufzeichnung des Bearbeitungsstatus und produktdefinierender Daten und

▶ Prüfung der Einhaltung von Normen und anderen Vertragsbedingungen.

Auf diese Weise werden die systematische Steuerung von Konfigurationsänderungen und die Aufrechterhaltung der Vollständigkeit und Rückverfolgbarkeit einer Konfiguration während des gesamten Produktlebenszyklus sichergestellt.

Die Anwendung eines Varianten- und Konfigurationsmanagement ermöglicht den Aufbau eines *Produktkonfigurators*, welcher bei verschiedenen Produktionstypen einen Beitrag zur Handhabung der Variantenvielfalt leisten kann. Organisatorisch werden dadurch die Bereiche Marketing/Vertrieb, Entwicklung, Beschaffung und Produktion miteinander verbunden. Ausgehend vom Angebot wird bis zum Produktionsauftrag auf Basis festgelegter, produktspezifischer Regeln gearbeitet.

Dadurch kann der Wertschöpfungsprozess standardisiert und die Variantenvielfalt im Produktportfolio besser beherrscht werden. In Bezug auf den vorrangigen Produkt- und Produktionstyp ergeben sich unterschiedliche Potenziale für den Aufbau und Einsatz eines Produktkonfigurators, Tabelle 5.

Aufgrund des vereinheitlichten Regelwerkes, welches alle relevanten Produktmerkmale erfasst, ergibt sich eine höhere Prozesssicherheit (Qualität) und -geschwindigkeit im PEP, siehe Bild 9.

Weitere Funktionsblöcke von PDM-Systemen sind Workflowmanagement, Projektmanagement, Anforderungsmanagement etc.

Produkttyp	Standardprodukt	Individuelles Montageprodukt	Individuelles Sonderprodukt	Individueller „Exot"
Produktionstyp	STO (Select-to-order) PTO (Pick-to-order) MTO (Make-to-stock)	ATO (Assemble-to-order) CTO (Configure-to-order)	MTO (Make-to-order)	ETO (Engineer-to-order)
Vorfertigungsgrad	Hoch	Mittel	Mittel	Gering
Standardisierungsansatz	Serienentwicklung	Modularer Baukasten	Modularer Baukasten	Modularer Baukasten
Verbaute Komponenten		Standardkomponenten	Standardkomponenten Änderbare Komponenten	Standardkomponenten Änderbare Komponenten Neue Komponenten

Tabelle 5: *Produktkonfiguration im PEP*

4 PLM als Bestandteil der Unternehmensstrategie

WORUM GEHT ES?

Die Basis für die Unternehmensführung bildet die Unternehmensstrategie. M. Treacy und F. Wiersema haben auf Basis von Marktanalysen zur Strategieentwicklung das Modell der Wertedisziplinen Product Leadership, Operational Excellence und Customer Intimacy entwickelt (Bild 18):

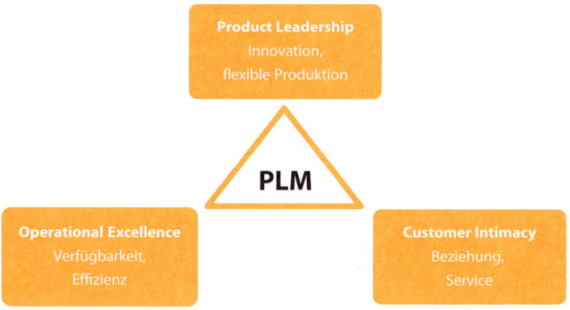

Bild 18: *Strategietypen nach M. Treacy und F. Wiersema*

▶ Unter *Operational Excellence* wird die strategische Ausrichtung verstanden, den Markt mit zuverlässigen Produkten und Dienstleistungen zu wettbewerbsfähigen Preisen zu versorgen und diese mit geringstmöglichem Aufwand bereitzustellen.

▶ *Customer Intimacy* wird durch eine präzise Segmentierung und Adressierung des Marktes mit maßgeschneiderten Lösungen und Kundenbindung erzielt.

▶ *Product Leadership* wird durch die Bereitstellung von innovativen Produkten und Dienstleistungen erreicht, welche die Nutzung oder den Gebrauch durch den Kunden konsequent erweitern und sein Interesse an Konkurrenzprodukten verhindern.

Nach Festlegung der strategischen Wertedisziplinen werden Geschäftsfelder als strategisch definiert und Strategieprogramme zu ausgewählten Themen, wie Innovation, Zusammenarbeit, Produkte/Märkte und Technologie, zugeordnet und in der Unternehmensstrategie festgeschrieben. Im Rahmen der Substrategien werden Ziele und Maßnahmen zur Umsetzung in den Funktionsbereichen definiert. Aus mehreren Teilstrategien ergeben sich Synergiepotenziale auf die Kernkompetenzen des Unternehmens und auf geplante Strategieprogramme, welche eine Priorisierung im Hinblick auf den Unternehmenserfolg ermöglichen.

PLM kann dazu als eigenständiges Element der Unternehmensstrategie oder als Teil einer der Bereichsstrategien verankert werden (Bild 19).

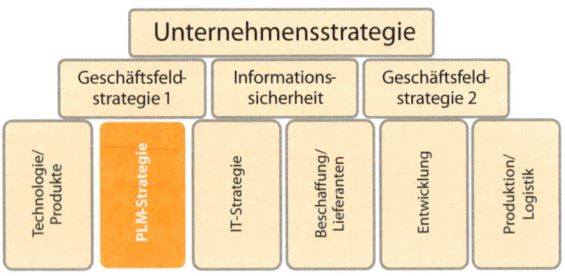

Bild 19: *Beispiel einer Unternehmensstrategie*

WAS BRINGT ES?

Durch die Positionierung von PLM wird dessen Bedeutung für den Unternehmenserfolg und damit die Unterstützung durch das Management festgelegt.

▶ PLM als eigenständiges Element auf der Ebene der Bereichsstrategien kann durch die horizontale Integration mit weiteren Bereichsstrategien ein großes Potenzial für das Unternehmen adressieren.

▶ PLM als Teil der Bereichsstrategie „Entwicklung" weist zufolge der Digitalisierung von Methoden und Werkzeugen für Design, Simulation und Datenaustausch einen starken IT-Bezug auf. Dadurch und zufolge der Fokussierung auf die Kernprozesse Produktentwicklung und Innovation wird ein großes Unternehmenspotenzial adressiert.

▶ Wird PLM der Bereichsstrategie „Informationstechnologie" zugeordnet, ergibt sich eine reine IT-Ausprägung, wie in vielen mittelständischen Unternehmen beobachtet werden kann. Das Potenzial wird damit nur in Bezug auf Daten und IT-Systeme realisiert.

WIE GEHE ICH VOR?

Ausgehend von Unternehmensstrategie kann die PLM-Strategie mit Bezug auf die Bereichsstrategien (IT, Produktion usw.) nach folgenden Schritten formuliert werden:

▶ Formulierung einer PLM-Vision,

▶ Analyse der Unternehmensdomänen Produkte, Umfeld, Prozesse, Finanzen und IT,

▶ Deduktion der wichtigsten Treiber und Ableitung/Bewertung/Auswahl möglicher Szenarien,

▶ Entwicklung der PLM-Strategie durch Mapping der Unternehmensarchitektur (mit Bezug auf die Bereiche Prozesse, PLM-Funktionen, Produkte, Organisationseinheiten und Businessobjekte) mit der IT-Architektur (bestehend aus Informationssystemarchitektur und der IT-Infrastruktur),

▶ Definition einer Transformationsstrategie und Erstellung einer Umsetzungs-Roadmap.

Bild 20 zeigt ein Vorgehensmodell zur Entwicklung einer PLM-Strategie.

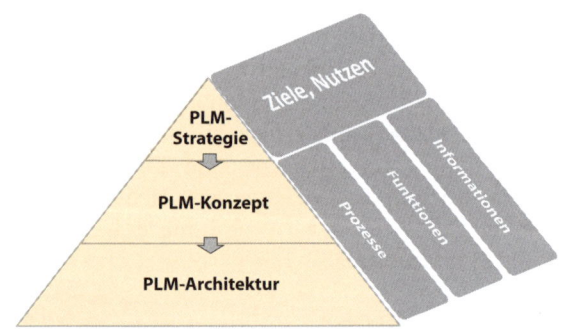

Bild 20: *Vorgehensmodell PLM-Strategie [Lenders 2007]*

Die zielorientierte Auslegung von PLM erfolgt iterativ über Strategie, Konzept und IT-Lösung. Die PLM-Strategie beschreibt dabei das unternehmensspezifische Begriffsverständnis zu PLM, die damit verbundenen Ziele und den angestrebten Nutzen für das Unternehmen oder für das Geschäftsfeld. Nutzenpotenziale werden unternehmensweit, organisatorisch, prozessbezogen, funktions- und informationsbezogen erhoben und priorisiert.

Bild 21 zeigt ein Anwendungsbeispiel eines Automobilunternehmens mit dem Fokus auf die Produktentwicklung.

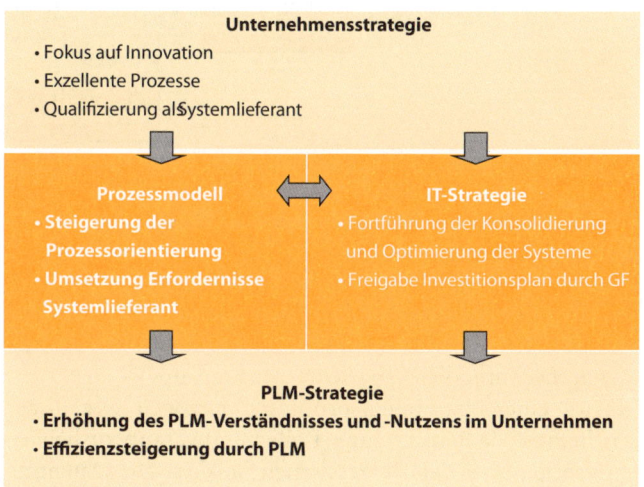

Bild 21: *Beispiel PLM-Strategie für Automotive [in Anlehnung an Lenders 2007]*

Aufgrund der Prozess- und IT-Orientierung des Wertschöpfungsbereichs „Produktentwicklung" wird die PLM-Strategie über die synchronisierte IT- und Prozesssicht abgeleitet.

Das *PLM-Konzept* beschreibt das Zusammenwirken von Prozessen, Funktionen und Informationen/Daten im Unternehmen. Die nachhaltige Erreichung von Zielen und PLM-Nutzenpotenzialen beruht auf der systematischen Ableitung der einzelnen Planungsstufen für einzelne Geschäftsbereiche oder für das gesamte Unternehmen (Bild 22).

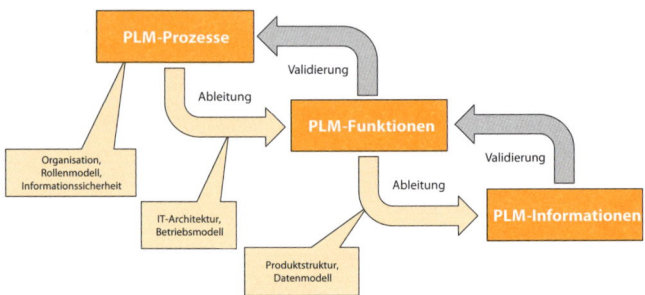

Bild 22: *Vorgehensmodell PLM-Konzept [in Anlehnung an Lenders 2007]*

Dabei werden ausgehend von den fokussierten Geschäftsprozessen top-down erforderliche Systemfunktionen und aus diesen Datenmodelle abgeleitet. Bottom-up werden diese Schritte einer Plausibilitätsprüfung unterzogen. Organisationsthemen wie Berechtigung, Rollen und Verantwortlichkeiten werden über den Prozess synchronisiert. Die Datenmodelle werden entsprechend der Produktstruktur aufgebaut und die Funktionen in der IT-Architektur verankert. Bild 23 zeigt ein Beispiel eines PLM-Konzepts.

Bild 23: *Beispiel eines PLM-Konzepts [in Anlehnung an Schuh 2007]*

Ausgehend von der Unternehmensstrategie wird über die Prozess- und Produktsicht das PLM-Konzept abgeleitet. Eine Umsetzungs-Roadmap wird zeitlich, inhaltlich und budgetär nach Ausbaustufen unter Berücksichtigung der organisatorischen und technologischen Randbedingungen erstellt.

Auf Basis der bewerteten Nutzenpotenziale für die Domänen Organisation, Prozesse und Systeme/Daten können Umsetzungsszenarien entwickelt werden. Dabei sollten sowohl kurzfristig realisierbare Potenziale als auch Nachhaltigkeit berücksichtigt werden. Themen wie Prozessoptimierung, Datenbereinigung und Anwenderakzeptanz sollten im Vorfeld einer Umsetzung behandelt werden.

Im Handbuch TFB 57 „Systemunabhängige Referenzprozesse für das PLM" des WZL der RWTH Aachen werden 13 PLM-Referenzprozesse auf deren Anwendbarkeit für die Produktentwicklung untersucht und bewertet.

5 PLM im Produktentstehungs-prozess

WORUM GEHT ES?

Der Produktentstehungsprozess (PEP) umfasst sämtliche Aktivitäten, die sich, ausgehend von der Ideenfindung für das Produkt bis hin zum Abschluss der Produktion, auf die gesamte Produktentstehung beziehen. Er kann als Kern- oder Primärprozess oder als Bestandteil eines übergeordneten Geschäftsprozesses definiert sein (Bild 24).

Der Produktentstehungsprozess (PEP) bezieht sich auf das komplette Produkt (System) und liefert entsprechend der dargestellten Zuordnung

▶ über den Teilprozess Innovation einen Beitrag in der Phase „Plan",

▶ über die Teilprozesse Produkt- und Produktionsentwicklung einen Beitrag in der Phase „Design" und

▶ über den Teilprozess Serienpflege einen Beitrag in der Product-Lifecycle-Phase „Commercialize/Operate".

Der Supply-Chain-Management-Prozess (SCM) fokussiert auf die Bereitstellung von Teilen und Modulen, der Auftragsabwicklungsprozess (AAP) bedient die Aufträge und der Customer-Relationship-Management-Prozess (CRM) bedient die Kunden. Jeder dieser Kernprozesse unterstützt über seine Teilprozesse durchgängig den Product Lifecycle.

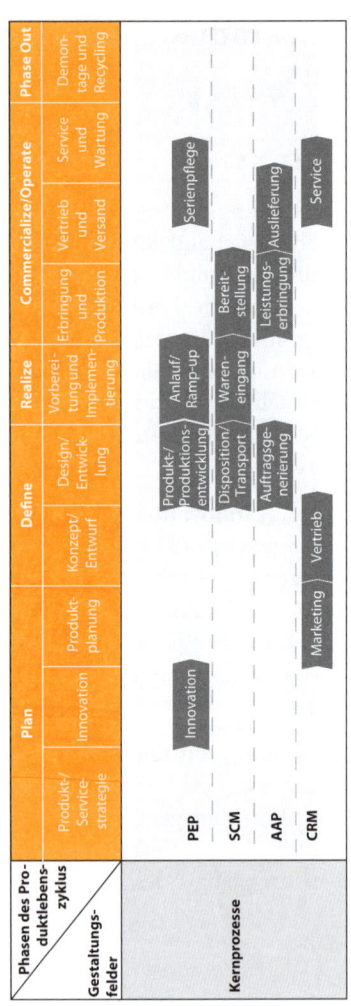

The figure shows a matrix mapping core processes (Kernprozesse) onto the phases of the product lifecycle (Phasen des Produktlebenszyklus).

Phasen des Produktlebenszyklus columns:
- **Plan**: Produkt-/Servicestrategie, Innovation, Produktplanung
- **Define**: Konzept/Entwurf, Design/Entwicklung
- **Realize**: Vorbereitung und Implementierung
- **Commercialize/Operate**: Erbringung und Produktion, Vertrieb und Versand, Service und Wartung
- **Phase Out**: Demontage und Recycling

Gestaltungsfelder / Kernprozesse rows:
- **PEP**: Innovation, Produkt-/Produktionsentwicklung, Anlauf/Ramp-up, Serienpflege
- **SCM**: Disposition/Transport, Wareneingang, Bereitstellung
- **AAP**: Auftragsgenerierung, Leistungserbringung, Auslieferung
- **CRM**: Marketing, Vertrieb, Service

Bild 24: *Zuordnung Kernprozesse auf den Product Lifecycle [Atos]*

WAS BRINGT ES?

Sämtliche Daten und Informationen werden entlang der Prozessphasen im PEP erzeugt und dokumentieren den Entstehungsfortschritt des Produkts. Daraus ergibt sich eine direkte Beziehung zwischen den erstellten Produktinformationen und dem PEP.

Über das Rollenmodell ist der PEP mit der Organisation verbunden und diese wiederum über das Produktmanagement mit dem Produkt. Diese Beziehung zwischen Produkt, Prozess und Organisation bildet die Grundlage eines integrierten Geschäfts- und Datenmodells.

WIE GEHE ICH VOR?

5.1 Entstehungsprozess formal beschreiben

Damit der PEP effektiv umgesetzt werden kann, müssen die Ziele, Methoden und Verantwortlichkeiten für jeden Teilprozess formal beschrieben und an die beteiligten Akteure kommuniziert werden. Tabelle 6 zeigt einen Auszug aus einem Entwicklungsauftrag.

Verantwortlicher	Entwicklungsleiter, Entwicklungsprojektleiter
Gegenstand	Entwicklungsauftrag/-projekt
Prozessinput	Lastenheft Pflichtenheft, Projektplan, Kostenanalyse, Produktplan, Prototypen, Muster, Qualitätsplan
Lieferanten	Produktplanungsprozess, Innovationsprozess, Vertriebsprozess

Prozessoutput	Integriertes, getestetes und produktionsreifes Produkt entsprechend der Anforderungsspezifikation und vollständig dokumentiert
Kunden	Auftragsabwicklungsprozess, Vertriebsprozess, Serviceprozess

Tabelle 6: *Formale Beschreibung Teilprozess „Entwicklung"*

Jeder dieser Teilprozesse dient dazu, bestimmte Daten und Informationen zur Produktentwicklung zu verarbeiten bzw. zu erzeugen. Dazu ist es erforderlich, die Teilprozesse bis auf die Ebene der Arbeitsschritte aufzulösen. Die einzelnen Bestandteile wie Eingangs- oder Ausgangsdaten gelten sowohl für den Gesamt- als auch für die darunter liegenden Teilprozesse, Bild 25:

▶ Eingangsdaten stellen das Ergebnis einer vorgelagerten Aktivität (Prozess) und den Input für die Folgeaktivität dar. Weitere Eingangsdaten sind zugewiesene Ressourcen, Ziele oder weitere Informationen.

▶ Ausgangsdaten zeigen das Ergebnis einer Aktivität (Prozess) in Form von Produktdaten oder physischen Produkten. Diese dienen als Eingangsdaten für die Folgeaktivität.

▶ Aktivitäten (Prozesse) werden durch Steuerungsgrößen wie Arbeits- oder Zeitvorgaben mit dem Fokus auf Effizienz und Qualität gesteuert.

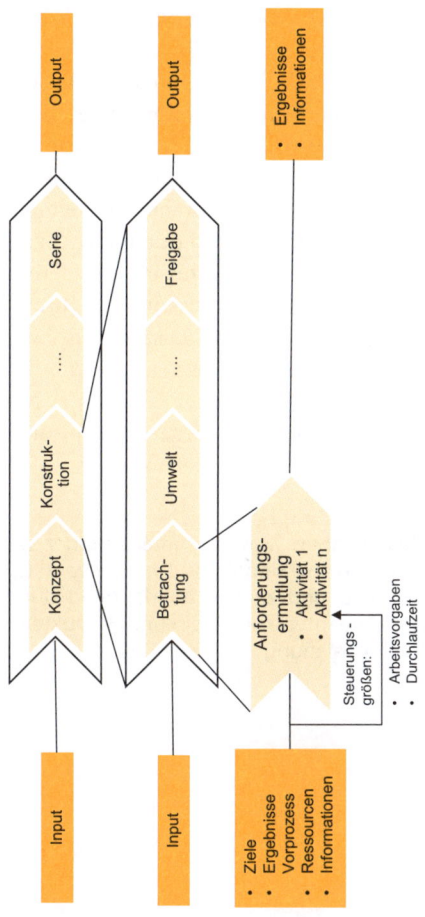

Bild 25: *Beispiel für eine Auflösung des PEP, [Feldhusen 2008]*

In einer formalen Beschreibung, wie z.B. für den Teilprozess „Entwicklung" (Tabelle 7) werden die Prozessgegenstände (Objekte) und die angewendeten Methoden erfasst.

Ergänzend können für die Teilprozesse Zuständigkeiten und Dokumentationstypen angegeben werden. Auf diese Weise werden die Prozessschnittstellen definiert, welche die Voraussetzung für die Prozessdurchgängigkeit darstellen.

Die Komplexität im PEP wird durch die Anzahl und Ausprägung der definierten Teilprozesse sowie deren erforderliche Daten und Informationen bestimmt. Durch die zunehmende Einbindung weiterer Disziplinen wie Elektrik/ Elektronik, Mechatronik und Software nimmt die Anzahl der Prozessteilnehmer zu. Jeder dieser Teilnehmer bringt disziplinspezifische Methoden und Werkzeuge ein und liefert Arbeitsergebnisse in spezifischen Formaten.

 Teilaufgaben werden immer seltener sequenziell, sondern im Sinne des *Simultaneous Engineering* vernetzt und zeitlich überlappend durchgeführt, wie z.B. die frühe Interaktion zwischen Produktentwicklung und Produktionsplanung.

Teilprozess	Teilprozess „Entwicklung"				
Teilprozess	System entwerfen	HW-Komponente entwickeln	SW-Komponente entwickeln	System integrieren und testen	System in Fertigung überleiten
Objekt	Produkt	HW-Komponente	SW-Komponente	Produkt	Produkt
Input	Lastenheft, Pflichtenheft, Kostenanalyse, Prototyp	Spezifikation	Spezifikation	Bezugskomponenten, getestete Komponenten (HW, SW etc.)	Integriertes und getestetes Produkt, Muster, Serienprodukt
Output	Spezifikation, Integrations- und Testplan, Risikoanalyse	Getestete und dokumentierte HW-Komponente	Getestete und dokumentierte SW-Komponente	Integriertes und getestetes Produkt, Muster, Serienprodukt	Fertigungsreifes Produkt, technische/kaufmännische Freigabe, Dokumentation, Lieferfreigabe
Methoden	QFD, FMEA, D2C, Simulation, Prototyping	QFD, FMEA, DoE, CAD, Versuch, Test	QFD, FMEA, SW-Engineering, Simulation, Test	Systemtest, Systems Engineering	CIM

SW = Software, HW = Hardware, QFD = Quality Function Deployment, FMEA: Fehlermöglichkeits- und -einflussanalyse, D2C = Design to Cost, DoE = Design of Experiments, CAD = Computer-Aided Design, CIM = Computer-Integrated Manufacturing

Tabelle 7: *Detaillierung des Teilprozesses „Engineering"*

5.2   Rollen im PEP definieren

Die Steuerung des Zugriffs auf Prozess- und Produktdaten wird über das Rollenkonzept oder -modell gesteuert. Dabei werden als Datenobjekte nicht nur Prozess- oder Produktdaten, sondern im Laufe des PEP erzeugte Informationen und Dokumente verstanden. Die Abhängigkeiten im Datenfluss zwischen Rollen, Prozessen und Datenobjekten stellen sich folgendermaßen dar, Bild 26:

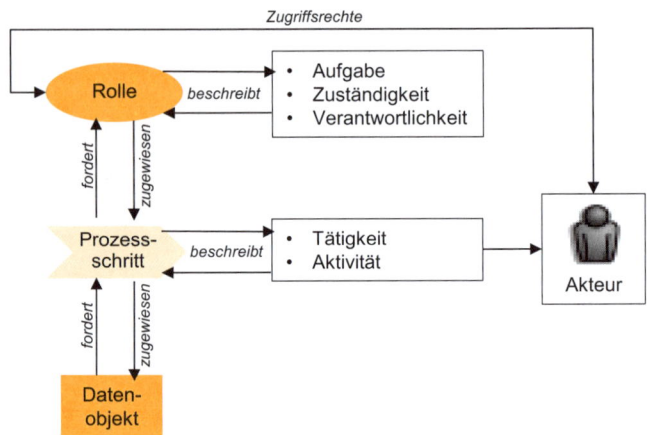

Bild 26: *Zusammenhang Rolle und Aktivitäten im PEP [Feldhusen 2008]*

▶ Einer Rolle wird im Rahmen des PEP eine bestimmte Aufgabe zugewiesen, welche an bestimmten Datenobjekten oder während bestimmter Prozessschritte auszuführen ist, wie z. B. die „Prüfung und Freigabe" eines Dokuments vor der Weiterleitung.

▶ Jeder Mitarbeiter erhält über die Zuweisung einer Rolle

definierte Rechte und Pflichten am Prozess und an den Daten. Um den Prozessdurchlauf sicherzustellen, werden für entscheidende Rollen Mitarbeiter als Stellvertreter nominiert.

▶ Der Unterschied zwischen Aufgabe und Tätigkeit besteht in ihrer aktiven Durchführung und in der konkreten Zuweisung einer Ergebnisverantwortung.

5.3 Prozess mithilfe von Referenzprozessmodellen optimieren

Referenzprozessmodelle dienen als Vergleichs- und Ausgangsbasis für die Gestaltung und Verbesserung von Geschäftsprozessen. Bild 27 zeigt ein Beispiel für systemunabhängige Referenzprozesse. Bezogen auf den PEP werden in Bild 27 die Phasen „Produktplanung" und „Produktentwicklung" mit ausgewählten Teilprozessen adressiert und Verbesserungspotenziale nach folgenden Schritten erhoben:

▶ Bewertung der Bedeutung des ausgewählten Prozesses für die Unternehmensstrategie,

▶ Bewertung des Ist-Prozesses mithilfe von Reifegradmodellen, GPM, CMM, SPICE, ISO, PMMA usw.,

▶ Bewertung des unternehmensspezifischen Nutzenpotenzials durch Gegenüberstellung von Ist- und Referenzprozess (Kriterien),

▶ Aufwandsschätzung zur Prozessoptimierung und -implementierung,

▶ Bewertung von Aufwand und Nutzen als Entscheidungsgrundlage für das Management,

▶ Erstellung eines Umsetzungsplans unter Berücksichtigung der wichtigsten Prozessabhängigkeiten.

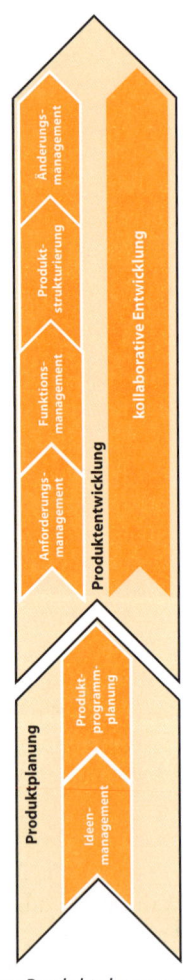

Bild 27: *Referenzprozesse Produktplanung und -entwicklung [RWTH Aachen 2008]*

Zur Ermittlung des Verbesserungspotenzials werden die Reifegrade des Ist- und des Soll-Prozesses anhand folgender Kriterien ermittelt und wird der Nutzen durch die Implementierung eines Referenzprozesses abgeschätzt:

▶ Effektivität: Kundennutzen und Marktziele, Produktqualität.
▶ Effizienz: Prozessbeherrschung, Wirtschaftlichkeit, Prozessqualität, Zeit.
▶ Prozessmanagement und Erfolgsmessung.

Aus der mehrfachen Anwendung des angeführten Referenzprozessmodells lassen sich verallgemeinerte Verbesserungspotenziale zu ausgewählten Teilprozessen anführen (Tabelle 8).

Teilprozess	Verbesserungspotenzial durch
Produktstrukturierung	• Vereinheitlichte Gestaltung von Produkten, Stücklisten, Dokumentation • Strukturierter Entwicklungsprozess • Optimierung Materialdisposition
Produktprogrammplanung	• Erfüllung Kundenwünsche • Verbesserung Vorentwicklung • Neue Produktkonzepte
Ideenmanagement	• Teilnehmerauswahl • Praktikabilität von Lösungen • Bewertungsprozess geeignete Ideen

Tabelle 8: *Verallgemeinerte Verbesserungspotenziale auf Basis des Referenzmodells PLM [RWTH Aachen 2008]*

Zur systemtechnischen Unterstützung eines optimierten PEP ist eine geeignete Systemarchitektur erforderlich. Diese berücksichtigt die vorhandene Infrastruktur, Applikationen und Schnittstellen, erforderliche Datenformate für den internen und externen Datenaustausch und neue Technologien für einen sicheren und effizienten Betrieb.

6 Verankerung von PLM in IT-Landschaft

WORUM GEHT ES UND WAS BRINGT ES?

Die Zunahme des Anteils an zu entwickelnder und zu integrierender Software am physischen Produkt führt zu einer technologiebedingten Veränderung der Tätigkeiten, eingesetzten Applikationen und damit der Möglichkeiten der Prozessgestaltung.

6.1 Durchgängigkeit des Informationsflusses sichern

Mit fortschreitendem Realisierungsgrad des Produkts und zufolge der zunehmenden Integration der unterschiedlichen am PEP beteiligten Disziplinen, wie Mechanik, Elektrik, Software usw., ändern sich die eingesetzten Methoden und Werkzeuge. Damit verändert sich die Dokumentation zum Produkt in Inhalt, Struktur und Datenformat. Dadurch kann es im Dokumentationsfluss zu Formatbrüchen kommen.

Die Durchgängigkeit des Dokumentationsflusses kann durch ein integriertes Produktdatenmodell über den PEP sichergestellt werden. Dabei geht es sowohl um standortübergreifenden Datenaustausch im Unternehmensverbund als auch um den externen Austausch mit Kunden und Lieferanten.

In heterogenen Systemwelten kommt es oft zufolge von Formatbrüchen und durch suboptimale Prozess- bzw. Applikationsschnittstellen zu Behinderungen im automatisierten Informationsaustausch.

Geometrie- und Strukturdaten können im Rahmen der Produktentwicklung in verschiedenen Formaten erzeugt, verwaltet und ausgetauscht werden:

▶ *Datenaustausch im nativen Erstellerformat:*
In diesem Fall werden die Modellinformationen im nativen Format des Autorensystems verteilt. Eine weitere Bearbeitung ist nur mit demselben System möglich. Alle Informationen und Abhängigkeiten, wie z. B. die Entstehungshistorie der Produktstruktur oder die eingesetzten „Features", stehen für eine weitere Bearbeitung im nativen Format zur Verfügung. Zur Absicherung der Datenkompatibilität schreiben viele Kunden ihren Lieferanten das einzusetzende Autorensystem vor. Dazu werden weitere Details, wie z. B. zu verwendende Templates, Bibliotheken, Nummernkreise, Funktionsbausteine etc., spezifiziert.

▶ *Datenaustausch im Zwischen- oder Neutralformat:*
Im Falle nicht übereinstimmender Autorensysteme wird das native Erstellerformat in ein neutrales „Zwischenformat" umgewandelt und zur Weiterbearbeitung aus diesem in das native Format des Fremdsystems konvertiert.

Die am PEP beteiligten Autorensysteme müssen dafür jeweils einen Konverter zur Erzeugung und zum Lesen des Übergabeformats besitzen. Bekannte Standards dafür sind IGES (Initial Graphics Exchange Specification, ANSI 15), VDA-FS (Verband der Automobilindustrie – Flächenschnittstelle, DIN 66301), STEP (Standard for Exchange of Product Data, ISO 10303), JT (Jupiter Tesselation), XML (Extensible Markup Language) oder PDF (Portable Document Format).

In Bild 28 werden als Beispiel der Datenaustausch mit dem

Neutralformat STEP und die Anwendung von Softwareappli-
kationen der Firma ProSTEP GmbH angeführt.

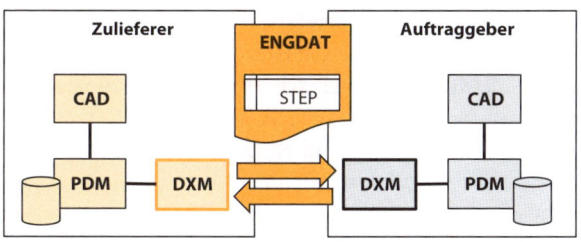

Bild 28: *Datenaustausch auf Basis STEP [Eigner/Stelzer 2009]*

Zur Verwendung dieses Austauschformats muss auf Sen-
der- und Empfängerseite ein STEP-Konverter zum Lesen und
Erstellen eines Datenpakets, bestehend aus Geometrie- und
Metadaten, eingerichtet werden. Gesteuert wird der Datenaustausch über das PDM-System. Geometriedaten werden
aus dem CAD-System, Metadaten aus dem PDM-System ge-
neriert. Diese werden in einem Exportauftrag verpackt und
über ein Datenaustauschtool, wie z.B. dem „Data Exchange
Manager" (DXM) der ProSTEP GmbH, dem Kooperationspartner übermittelt und in seinem PDM-System abgelegt. Als
Übertragungsformat wird dabei ENGDAT (Engineering
Data Message, VDA 4951) verwendet. Der Import in das
Partnersystem erfolgt analog.

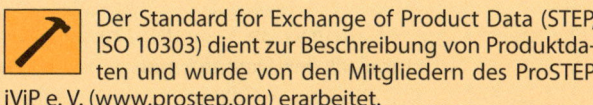

Der Standard for Exchange of Product Data (STEP,
ISO 10303) dient zur Beschreibung von Produktdaten und wurde von den Mitgliedern des ProSTEP
iViP e. V. (www.prostep.org) erarbeitet.

JT (Jupiter Tesselation) ist ein Austauschformat, welches den Datenaustausch und Änderungen an Baugruppen unterstützt. In einem CAD-System wird für eine Baugruppe oder Zeichnung eine JT-Datei erstellt oder werden JT-Daten aus einem anderen System für die Bearbeitung importiert. Änderungen am Modell können wieder als JT-Datei gespeichert und verteilt werden. JT ermöglicht damit die Verkettung aller Konstruktionsprozesse über alle eingesetzten CAD-Programme hinweg und wird auch zum Viewing und zur Archivierung eingesetzt.

Ein weiteres für den externen Datenaustausch verwendetes Format ist **XML** (Extensible Markup Language). Damit können hierarchisch strukturierte Daten in Form von Textdateien dargestellt und plattform- und implementationsunabhängig zwischen Systemen ausgetauscht werden. Da XML zunehmend als Quasistandard im Internet betrachtet wird, können Daten in diesem Format einfach über das Internet übertragen und ausgewertet werden.

Ausgehend vom **PDF** (Portable Document Format) der Firma Adobe Systems wurde für die Anforderung der Langzeitarchivierung von Produktdaten das Neutralformat PDF/A (ISO 19005-1) entwickelt. Damit kann die Lesbarkeit von Daten unabhängig vom Erstellersystem (und vom Hersteller Adobe) über einen Zeitraum von Jahrzehnten gewährleistet werden. Die in diesem Format gespeicherten Dateien sind in sich vollständig und benötigen keine externen Bezüge oder Daten.

Die Zielsetzung der integrierten, *digitalen Produktion* erfordert eine Kompatibilität der Datenformate von der Produktentwicklung, der Produktionsplanung und -steuerung und der Logistik (Bild 29).

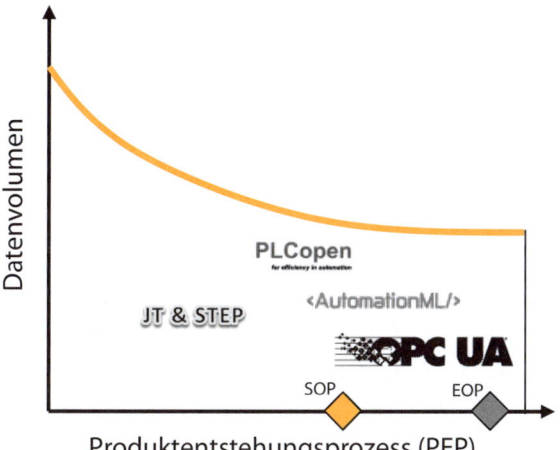

Bild 29: *Vision der durchgängigen digitalen Produktbeschreibung*

Für die Produktionswelt sind neben den genannten Datenformaten aus der Produktentwicklung weitere Ansätze, wie z.B. OPC UA, PLCopen oder AutomationML, von Bedeutung.

Die Datenbereitstellung ist über den Product Lifecycle beginnend mit dem Projektstart, dem Start of Production (SOP), dem End of Production (EOP) und bis zum After-Sales über die Gewährleistungsdauer möglichst ohne Informations- und Zeitverlust zu organisieren:

▶ Die OPC Unified Architecture (OPC UA) ist ein Konzept für eine technologieunabhängige serviceorientierte Systemarchitektur. Diese stellt das Infrastrukturkonzept für die Interoperabilität aller eingesetzten Systeme (Applikationen, Maschinen) mit frei verfügbaren Schnittstellendefinitionen bereit.

▶ Die Automation Markup Language (AutomationML) ist ein neutrales, offenes Datenformat zur Speicherung und zum Austausch von Anlageninformationen.

▶ PLCopen ist eine Organisation im Bereich industrieller Steuerungstechnik. Sie ist unabhängig von Herstellern und Produkten und arbeitet an der Verbreitung und Anwendung von internationalen Standards wie z. B. für die industrielle Steuerungsprogrammierung.

6.2 Integrierte Systemarchitektur

Zufolge der Einbeziehung verschiedener Disziplinen im PEP sowie einer integrierten Beschreibung disziplinneutraler Funktions- und Verhaltensmodelle intelligenter Produkte (Systeme) steigen die Anforderungen an die IT im Hinblick auf Leistungsfähigkeit und Durchgängigkeit.

Die frühzeitige Synchronisation im Rahmen der Produktentwicklung muss bereits auf der funktionalen Beschreibungsebene mit dem Produktionssystem ermöglicht werden.

Eine integrierte Systemarchitektur PLM *liefert* eine flexible, verteilte und föderierte Anwendungsumgebung, welche aus Kernkomponenten besteht und die genannten Anforderungen erfüllt (Bild 30).

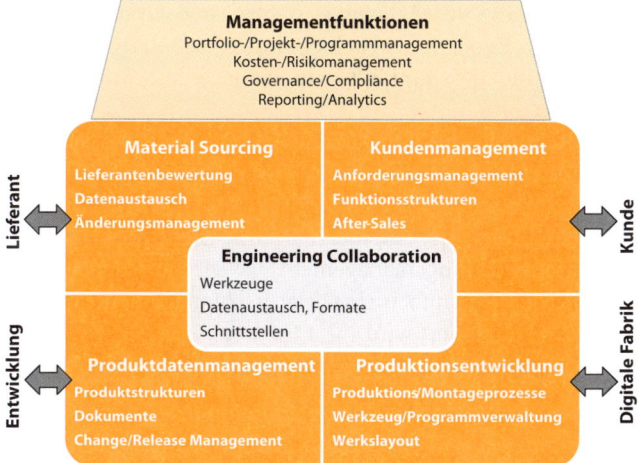

Bild 30: *Kernkomponenten einer PLM-Architektur [Eigner/Stelzer 2009]*

Unter dem „Dach" der Managementfunktionen steht im Zentrum der Funktionsbereich Engineering Collaboration. Auf diesen setzen weitere Funktionsbereich auf:

▶ In Richtung des Kunden befindet sich das Customer Needs Management (CNM), welches aus der Systemwelt der Customer-Relationship-Management-Systeme (CRM) adressiert wird. Durch CNM wird sichergestellt, dass der Bedarf des Kunden bzw. die Produktanforderungen eindeutig spezifiziert und an alle beteiligten Disziplinen weitergegeben werden. Mit dem Fokus auf den Kundennutzen sollen Designfehler und Verzögerungen vermieden und Produktivität, Effizienz und Qualität verbessert werden.

▶ In Richtung des Zulieferers steht das Material Sourcing, welches aus der Systemwelt der Enterprise-Resource-Planning- und der Supply-Chain-Management-Systeme adressiert wird.

▶ In Richtung der Produktentwicklung befindet sich das Produktdatenmanagement (PDM), welches als gleichnamiger Systembegriff etabliert ist.

▶ In Richtung der digitalen Fabrik steht das Produktionsentwicklungsmanagement, welches aus der Systemwelt der Manufacturing-Process-Management-Systeme (MPM) adressiert wird.

Etabliert im Lösungsportfolio der PLM-Systemanbieter sind die Komponenten Produktdatenmanagement (PDM) und Engineering Collaboration, welche es internen und externen Entwicklungspartnern ermöglichen, über das Internet zusammenzuarbeiten.

> Die angeführten Überschneidungen in den Funktionsfeldern der Kernkomponenten begründen einen integrierten Ansatz für eine einheitliche PLM-Architektur. Dazu erforderlich sind offene Integrationsstandards der Systemanbieter, welche durch den „Code of PLM Openness (CPO)" initiiert wurden (Bild 31) (http://www.prostep.org/de/projekte/code-of-plm-openness.html).

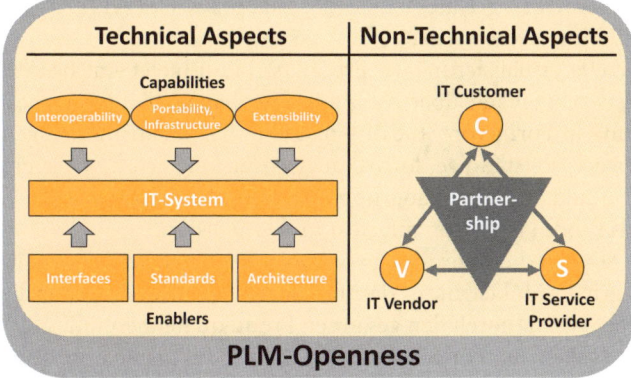

Bild 31: *Aspekte des CPO [ProSTEP iViP e. V.]*

Der *Code of PLM Openness* verknüpft IT-Anforderungen mit denen des Business. Der CPO ist eine Initiative des Pro STEP iViP e.V. mit dem Ziel, unter IT-Kunden, IT-Anbietern und IT-Serviceprovidern ein einheitliches Verständnis zum Thema Offenheit im Umfeld PLM zu etablieren. Der CPO geht weit über die Forderung zur Bereitstellung von IT-Standards und entsprechenden IT-Schnittstellen hinaus. Er umfasst messbare Kriterien zu den Kategorien Interoperabilität, Infrastrukturen, Erweiterbarkeit, Schnittstellen, Standards, Architekturen und Partnerbeziehungen.

6.2.1 Mit PDM-System Daten verwalten

Das Kernelement aus der Sicht der Produktentwicklung ist das *PDM-System*. Dieses stellt eine grafische Benutzeroberfläche für die Verwaltung der Produktstruktur mit zugehörigen Dokumenten, wie z.B. CAD-Modellen, Arbeitsplänen, Prüfberichten und Stammdaten, bereit und kann mit allen

Systemen zum Daten- und Informationsaustausch über den PEP integriert werden.

Die Visualisierung der Produktstruktur bietet eine bessere Anschaulichkeit über die Zusammenhänge als die Darstellung in Form von Stücklisten. Diese sind für den jeweiligen Zweck vollständige, formal aufgebaute Verzeichnisse für ein Produkt oder eine Baugruppe und werden in PDM-Systemen als Produktstruktur aufgelöst und visualisiert.

Durch die Zuordnung von Dokumenten wird die visualisierte Produktstruktur darüber hinaus zur Grundlage für die Navigation durch den gesamten Produktdatenbestand.

Neben der reinen Verwaltung der Produktdaten unterstützen PDM-Systeme auch die Planung, Steuerung und Überwachung von Abläufen, die mit der Erzeugung und Veränderung der Produktdaten im Zusammenhang stehen. Dazu beinhalten sie Funktionen zum Workflow- und Projektmanagement sowie zur Kommunikationsunterstützung.

Als Vision für die integrierte Produktentstehung dient der Begriff der „digitalen Produktion". Darunter wird ein umfassendes Netzwerk von digitalen Modellen, Methoden und Werkzeugen verstanden, welche mithilfe eines durchgängigen Datenmanagements integriert werden. Ihr Ziel ist die durchgängige virtuelle Planung, Evaluierung und Verbesserung aller wesentlichen Strukturen, Prozesse und Ressourcen der realen Fabrik in Verbindung mit dem Produktentstehungsprozess.

6.2.2 Systembausteine integrieren

Für die Umsetzung einer PLM-Architektur müssen die erforderlichen Systembausteine integriert werden. Dafür werden für Autoren- und Verwaltungssysteme geeignete Schnittstellenprogramme angeboten, welche die durchgängige Datenübertragung und Prozessunterstützung zwischen den Systemen unterstützen.

Schnittstellenprogramme stellen eine logisch funktionale Verbindung zwischen dem Erzeuger- und dem Verwaltungssystem her. Ihre Funktionalität und Architektur hängen von den konkreten Nutzerforderungen und der Spezifika wie Aufbau, Funktionen und Datenmodell der zu integrierenden Systeme ab.

Eine Alternative dazu bieten Integrationsplattformen (Enterprise Architecture Integration, EAI), welche bei einer weitgehend einheitlichen Benutzeroberfläche und einem zentralen Prozessmanagement die Integration zu einer Vielzahl unterschiedlicher externer Applikationen sowie zu unterschiedlichen Verwaltungssystemen ermöglichen (Bild 32).

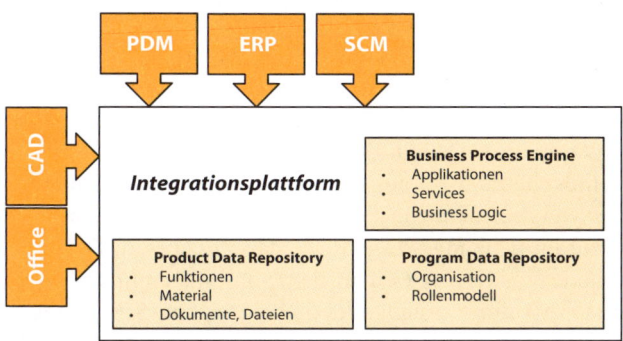

Bild 32: *EAI-Module einer Integrationsplattform*

Dabei sind die jeweiligen Dialogkomponenten an die Autorensysteme angepasst, wodurch eine weitgehend einheitliche Arbeitsweise gewährleistet wird. Relevante Funktionsbausteine werden modular zentral zur Verfügung gestellt. Diese Plattformen bieten darüber hinaus leicht integrierbare Visualisierungswerkzeuge an, welche die Handhabung komplexer Strukturen vereinfachen.

EAI stellt damit einen prozessorientierten Integrationsansatz für alle Anwendungssysteme in heterogenen IT-Architekturen von Unternehmen dar.

6.2.3 Autorensysteme, CAD integrieren

Über eine CAD-PDM-Integration werden die im Autorensystem erzeugten Datenprodukte strukturiert, in einem gesicherten Speicherbereich im Verwaltungssystem abgelegt und auf Abruf wieder zur Verfügung gestellt.

Damit werden dem PDM-System alle für die Speicherung erforderlichen Metadaten der CAD-Datenobjekte zur Verfügung gestellt. Diese unterscheiden sich durch die Tiefe der Einbindung in den Dialog des CAD-Systems und durch die Möglichkeiten, Abläufe im Autorensystem direkt aus dem PDM-System zu kontrollieren.

Die nativen Datenformate der Erzeugersysteme sind für Fremdsysteme nicht auswertbar. Damit ist es außerhalb des Erzeugersystems nicht möglich, Informationen über Strukturzusammenhänge oder Metadaten auszulesen. Diese und weitere Funktionen werden dem Anwender nur im Dialog mit dem Autorensystem oder durch geeignete Schnittstellenprogramme bereitgestellt.

Im Gegensatz dazu steht der Datenaustausch durch Konvertierung in Zwischen- oder Neutralformate (JT, PDF).

Schnittstellenprogramme werden meist als zusätzliche Benutzeroberfläche oder als weiteres Funktionsmenü in der Oberfläche der Anwendersysteme bereitgestellt. Bei der Integration verschiedener CAD-Systeme in ein PDM-System werden Unterschiede hinsichtlich Benutzerfreundlichkeit und Funktionsunterstützung sichtbar.

WIE GEHE ICH VOR?

Ausgehend von der PLM-Strategie, dem Geschäftsprozessmodell und der Ausgangssituation kann zur Systemauswahl nach folgenden Schritten vorgegangen werden:

▶ Ist-Analyse: Produkte, Prozesse (inklusive Lieferanten), Systeme, Daten,
▶ Anforderungsanalyse, Use-Case-Beschreibung,
▶ Anwendung einer Referenzarchitektur,
▶ System- und Lieferantenauswahl auf Basis von Pilotinstallationen und Proof of Concept (POC),
▶ Nutzenbewertung von Umsetzungsszenarien,
▶ Umsetzungs- und Zielerreichungsplan.

Zur Definition der Soll-Anforderungen haben sich die in Tabelle 9 dargestellten Ansätze etabliert.

Ansatz	Inhalt	Vorteil
Lastenheft	Funktional orientierte Beschreibung der Systemanforderungen	Einfaches Mapping auf Systemfunktionen
Use-Case-Beschreibung	Beschreibung der Systemanforderungen auf Basis von Anwendungsfällen	Direkte Bewertung der Prozessunterstützung möglich

Tabelle 9: *Soll-Anforderungen laut Lastenheft oder Use-Case-Beschreibungen*

Nachfolgend einige Richtlinien und Publikationen, die einen Überblick über bewährte Methoden zur Definition von Soll-Anforderungen geben:
- Handbuch TFB 57 „Systemunabhängige Referenzprozesse für das PLM" des WZL der RWTH Aachen.
- VDMA-Leitfaden „PLM – Product Lifecycle Management".
- VDMA-Entscheidungshilfe „Zur Einführung von PDM-Systemen" (http://www.vdma.org).
- Feldhusen, J.; Gebhardt, B.: Product Lifecycle Management für die Praxis.

Dabei ist besonderes Augenmerk auf die Flexibilität für zukünftige Anpassungen zu legen. Bei Anwendung von Standardsoftware sollte man den Nutzen durch bedarfsabhängige Anpassungen der dadurch verringerten Wartungs- und Release-Sicherheit gegenüberstellen.

Der Einsatz von *Open-Source-Produkten* stellt für technologieaffine Unternehmen eine interessante Option in Bezug auf die Total Cost of Ownership dar.

In Tabelle 10 ist ein Auszug der Anbieterlandschaft für PLM-Systeme mit einer Zuordnung der unterstützten Kernprozesse (ohne CRM, ohne MES) dargestellt.

Hersteller	Produkt	CAE	PLM	ERP	SCM
Siemens Industry Software	Teamcenter	X	X		
Dassault Systèmes	Enovia	X	X		
PTC	Windchill PDMLink	X	X		
SAP	PLM/ECTR		X	X	X
Autodesk	Vault	X	X		
Aras (Open Source)	Aras Innovator		X		
Contact Software	CIM Database		X		
Oracle	Agile PLM		X	X	X

Tabelle 10: *Auszug von PLM-Systemanbietern mit Zuordnung Kernprozesse*

Neben der Auswahl der für die optimale Prozessunterstützung erforderlichen Systemarchitektur bestimmt das Betriebsmodell den Aufwand für Infrastruktur, Softwarelizenzen und Personal.

Neue Betreibermodelle, wie z. B. Cloud Computing, ermöglichen eine Flexibilisierung der Systemarchitektur und erhöhen die Transparenz in den Kosten. Dem gegenüber stehen verschiedene Risiken, wie:

▶ Schutz des geistigen Eigentums,
▶ Ausfallsicherheit, Informationssicherheit,
▶ Einsatz des eigenen Personals,
▶ Absicherung der Kernkompetenzen des Unternehmens und
▶ Kostensynergien zu weiterhin erforderlichen Ressourcen.

Ein weiterer Aspekt sind die Flexibilisierung von Arbeitsmodellen und die Arbeitgeberattraktivität im „war for talents". Moderne Tools, virtualisierte Arbeitsplätze, welche auch das Arbeiten im Homeoffice unter Gewährleistung der Informationssicherheit ermöglichen, stellen einen Wettbewerbsvorteil dar.

Nahezu alle im Unternehmen eingesetzten Standardapplikationen, wie z. B. CAD, PDM und ERP, können nach Bedarf und Wirtschaftlichkeit an externe Dienstleister ausgelagert werden. Entweder wird lediglich der Betrieb des im Unternehmen befindlichen Systems auf Basis eines Service Level Agreements (SLA) vergeben oder zugleich Infrastruktur und Netzwerk von einem externen Rechenzentrum zugekauft, in welchem die benötigten Applikationen als „Service" bereitgestellt werden.

Dazu werden heute verschiedene Servicemodelle angeboten, welche folgende Dienstleistungen enthalten können:

▶ Bereitstellung und Management von Hardware, Netzwerk, Datenbanksystemen und Applikationen,
▶ Verwaltung der erforderlichen Softwarelizenzen,
▶ Systemoptimierung und Durchführung von Software-Upgrades,
▶ Systembetrieb (zugesicherte Verfügbarkeit) und Anwendersupport nach SLA-Definition,
▶ Sicherstellung der Datensicherheit und des Systemzugriffs.

Auf Basis der Zuständigkeiten von Kunde und Serviceprovider werden die in Bild 33 dargestellten Modelle unterschieden.

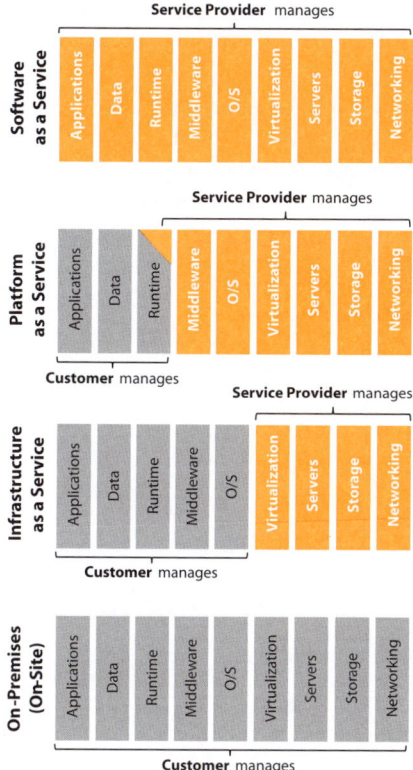

Bild 33: *Stufen eines Cloud-Service-Modells*

Den genannten Risiken können im Vergleich zu selbständiger Beschaffung und Betrieb von IT-Systemen folgende Vorteile gegenübergestellt werden:

▶ Kostentransparenz durch „Pay-per-Use"-Modell,
▶ Reduzierung von initialen Infrastrukturausgaben,

▶ flexible Anpassung der Leistungen an kundenspezifische Anforderungen, projektabhängige Infrastrukturbereitstellung,

▶ rasche Bereitstellungszeiträume bei Nutzung von standardisierten Services,

▶ vertraglich abgesicherte Systemverfügbarkeit und Servicequalität durch einen darauf spezialisierten Dienstleister.

7 PLM in der Zusammenarbeit mit Lieferanten

WORUM GEHT ES UND WAS BRINGT ES?

Für die Entwicklung neuer Produkte werden flexible Kooperationsmodelle immer wichtiger. Der effiziente und sichere globale Daten- und Informationsaustausch ist eine Voraussetzung dafür. Für die Prozesskomplexität ist dabei entscheidend, zu welchem Zeitpunkt die Kunden- bzw. Lieferanteninteraktion stattfindet (Bild 34).

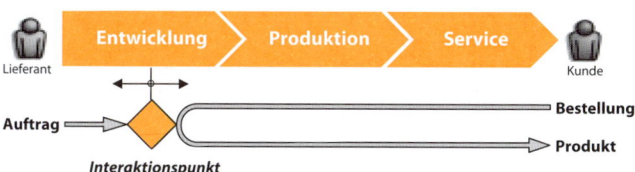

Bild 34: *Interaktionspunkt im Austauschprozess „Engineer-to-Order"*

Je näher dieser Zeitpunkt am Prozessbeginn liegt, desto länger werden Informationen und Daten über die Prozessdauer transportiert und mit dem Kooperationspartner ausgetauscht. Die Häufigkeit des Datenaustausches und die ausgetauschte Datenmenge und -formate werden durch die Prozessparameter Kooperationsmodell und -tiefe, eingesetzte Werkzeuge und Dokumentationsrichtlinien, wie z.B. aus dem Qualitätsmanagement, definiert.

Aus der Automobilindustrie sind folgende Kooperationstypen zwischen OEM (Original Equipment Manufacturer) und Lieferant bekannt (Bild 35):

▶ Beim Entwicklungsdienstleister erfolgt die Abstimmung mit dem Auftraggeber sehr früh im Produktentwicklungsprozess. Dies erfordert eine hohe technische Entwicklungskompetenz und eine tiefe Prozessintegration des Lieferanten. Der Fokus bei diesem Integrationstyp kann auf Entwicklung und Produktion liegen.

▶ Bei dem Kooperationstyp „Lieferant" liegt der Fokus auf der Produktionszusammenarbeit. Die Kompetenz- und Integrationsanforderungen nehmen vom Teile- über den Komponenten- zum Modul- und Systemlieferanten zu. Der Systemlieferant ist tief in die Produktionsprozesse des OEM integriert.

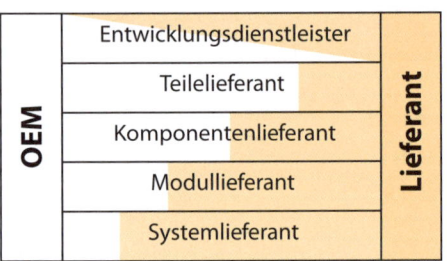

Bild 35: *Kooperationsmodelle und qualitative Integrationstiefe [VDA]*

Für Kooperationsmodelle werden Lieferanten abhängig vom Liefergegenstand einer branchenabhängigen Qualifizierung (Automotive: ISO/TS 16949, VDA 6.3 etc.) unterworfen. Darauf aufbauend werden für jedes Projekt kundenspezifische Leistungsvereinbarungen getroffen, um die kundenspezifischen Anforderungen an das Endprodukt abzusichern.

7.1 Risiko- und Qualitätsmanagement

Zufolge der Auslagerung von Arbeitsschritten an Lieferanten und zufolge der gleichzeitigen Zusammenarbeit mit mehreren Lieferanten nehmen die Risiken betreffend die angestrebte Liefer- und Produktqualität zu. Die Kundenreklamation wird in diesem Zusammenhang als „Worst Case" gesehen, da diese kostenintensive und imageschädigende Konsequenzen für den OEM haben kann.

▶ Produkt- bzw. Qualitätsmängel können zu einer eingeschränkten Produktnutzung führen oder eine Produktverwendung vollständig verhindern.

▶ Ein Lieferverzug kann den planmäßigen Einsatz eines Produktes beeinträchtigen.

Zur Absicherung der zunehmenden Risiken des OEM bei Integration von Lieferanten werden diese nach gängigen Branchenstandards und zusätzlich nach spezifischen Kundenanforderungen in Bezug auf ihre Lieferfähigkeit und Lieferqualität geprüft.

Ausgehend davon wird die prozesstechnische Integration geplant und das Prozess- und Qualitätsmanagement auf das Kooperationsmodell angepasst. Ist die Lieferantenreife für den beabsichtigten Kooperationstyp nicht gegeben, werden Maßnahmen zur Lieferantenentwicklung und eine weitere Überprüfung der Lieferantenreife vereinbart.

Für Kooperationsmodelle wird ein präventives Qualitäts- und Risikomanagement angestrebt, da dadurch

▶ mögliche Mängel am Produkt durch den Kooperationstyp entsprechenden Qualitätssicherungs-, Prüf- und Dokumentationsmaßnahmen vermieden werden,

▶ durch ein geeignetes Stichprobenschema sichergestellt

wird, dass alle möglichen Mängel mit hoher Wahrschein-
lichkeit erfasst und
▶ erfasste Mängel innerhalb der Wertschöpfungskette vor
Auslieferung an den Kunden kosteneffizient und nachhaltig behoben werden.

Bild 36 zeigt ein vereinfachtes Modell zur Darstellung des
Material- und Informationsflusses einer Lieferkette.

Der Informations- und Warenfluss zwischen dem Endkunden und dem Lieferanten des Herstellers werden vereinfacht in Bezug auf die Risiken „Produktmangel" und „Lieferverzug" dargestellt. Im PEP des Herstellers und des
Lieferanten werden die Prüfschritte zum Wareneingang und
Warenausgang berücksichtigt.

Nach Korall et al. [2015] erfordert die schwankende Nachfrage vom Händler/Kunden eine kontinuierliche Regelung
und Anpassung der Beschaffungsstrategie und Qualitätsprü-
fung beim Hersteller, welche meist prozessual und system-
technisch getrennt voneinander stattfinden. Dadurch werden
folgende Faktoren in der Beschaffung unzureichend erfasst:

▶ Das tatsächliche Qualitätsniveau des Lieferanten,
▶ die aktuellen Informationen aus dem Lieferantenmanage-
mentsystem und
▶ das aktuelle Qualitätsniveau der eigenen Produktion.
Dieses wird meist als konstant über einen Betrachtungs-
zeitraum für einen Produktionsbereich angenommen.

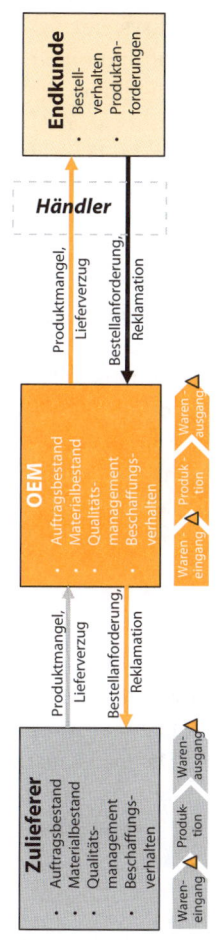

Bild 36: *Vereinfachtes Modell einer Lieferkette*

Getrennte Managementsysteme für das Qualitätsmanagement und die Beschaffung sind oft eine der Ursachen dafür. Die Nichterfüllung von Qualitätsanforderungen in den Folgestufen der Lieferkette führt zu Reklamationen durch den Hersteller oder durch den Endkunden. Die Reduktion von fehlerhaften, im Umlauf befindlichen Teilen sowie die Anzahl von Reklamationen weisen vor allem bei bestehenden Lieferrückständen sowie niedrigen Lagerbeständen einen erheblichen Einfluss auf die Lieferqualität auf.

Der VDA-Leitfaden „Risikominimierung in der Lieferkette" schlägt eine Vorgehensweise zur präventiven Erkennung und Vermeidung von Qualitätsrisiken in der integrierten automobilen Wertschöpfungskette unter Anwendung vorhandener Methoden vor.

Das Phasenmodell unterscheidet dabei drei Phasen und ordnet diesen die Beteiligten und empfohlenen Arbeitsschritte und Methoden zu:

▶ Entwicklung/Projekt (PEP)
▶ Übergabe Entwicklung/Projekt in die Serie
▶ Serienproduktion

Jede dieser Phasen stellt spezifische (Entwicklung, Einkauf, Logistik, Produktion, Qualität) Anforderungen an die Zusammenarbeit und den Datenaustausch mit Lieferanten.

Für jede Phase werden Arbeitsschritte und Methoden zur Risikominimierung beschrieben (siehe Bild 37 und Tabelle 11)

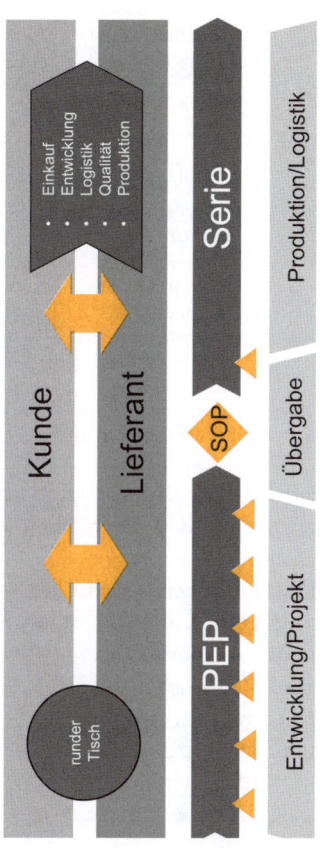

Bild 37: *Phasenmodell zur Risikominimierung in der Lieferkette [VDA]*

Entwicklung/ Projekt (Risiko- minimierung Entwicklung)	Übergabe in Serie (Lessons Learned)	Serienproduktion (Risikominimie- rung Serie)
• Vorklassifizierung des Lieferanten vor Projektvergabe • Risikoklassifizie- rung • Festlegen kri- tischer Pfad • Festlegen und Ab- sicherung Reifegrade	• Aktualisierung Risi- kobewertung und kritischer Pfad • LL-Prozess Projekt- Serie • Strukturierte Se- rienübergabe	• Verfolgung kritischer Pfad • Kundenqualifika- tion Produkt • Lieferantenbesuch, Audit • Sublieferanten managen

Tabelle 11: *Aktivitäten zur Risikominimierung nach Kapiteln*

Wesentlich dabei ist der durchgängige und konsequente Einsatz der angeführten Aktivitäten über alle Ebenen der Wertschöpfungskette.

Nach dem VDA-Handbuch „QM in der Automobilindustrie – Qualitätsbezogene Kosten" können Folgekosten auf Basis von Fehlerkategorien erfasst werden, Bild 38.

Damit die ermittelten Kosten den Fehlerkategorien zugeordnet werden können, ist es erforderlich, diesen die Kostenstellen und Kostenträger zuzuordnen. Die Fehlerkostenkategorien Ausschuss, Nacharbeit sowie Gewährleistung/Kulanz können damit als Kennzahlen für die Prozessbewertung herangezogen werden.

Zusammenfassend sind für die Produktqualität verschiedene Faktoren von Bedeutung (Bild 39).

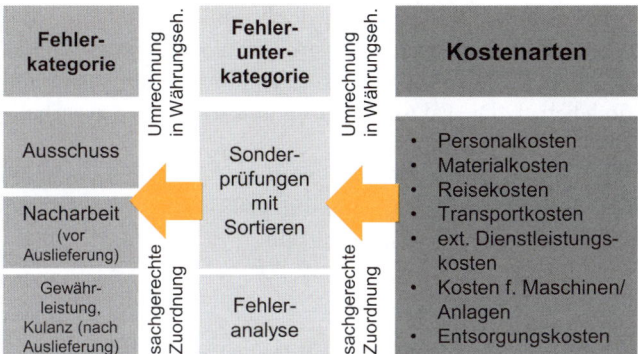

Bild 38: *Aggregation der Kostenarten in Fehlerkategorien [VDA]*

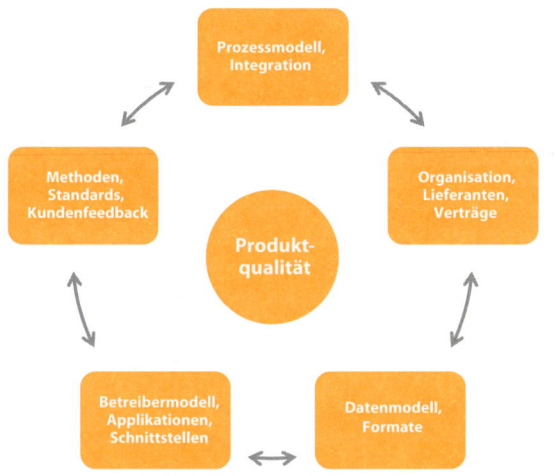

Bild 39: *Einflussfaktoren Produktqualität*

Der Grad der Beeinflussung der Produktqualität durch die angeführten Faktoren hängt vom Reifegrad des Qualitätsmanagements und den Anforderungen aus den Kooperationsmodellen ab. Die Faktoren weisen untereinander teils erhebliche Wechselwirkungen auf.

Als finaler Maßstab dient die vom Endkunden wahrgenommene Qualität, die „perceived quality". In Tabelle 12 sind relevante Parameter zur Ermittlung der Endkundenzufriedenheit zusammengestellt.

Kunden-anforderungen	Quellen zur Erfassung von Qualitätszielen		
Produktunterhalts-kosten			Kunden-befragungen durch unabhängige Analysten
Attraktivität	Erprobung	Produktaudit	
Auslieferqualität			
Zuverlässigkeit		Gewährleistung, Pannenstatistik	
Servicezufrieden-heit			

Tabelle 12: *Parameter zur Erfassung der Kundenzufriedenheit*

Die durch unabhängige Analysten durchgeführten Endkundenbefragungen werden in Form von Statistiken veröffentlicht. Dadurch wird der Marken- bzw. Unternehmenswert des Herstellers in der Öffentlichkeit beeinflusst.

WIE GEHE ICH VOR?

Auf Basis eines durchgängigen Prozess- und Datenmanagements und der branchenspezifischen Qualitätsstandards kann die Lieferkette geplant und gegen Risiken abgesichert werden:

▶ Vorgaben aus der Unternehmens-/PLM-Strategie zur eigenen Position als Hersteller mit Produkt- und Technologieportfolio,

▶ Organisations- und Prozessmodell (PEP) als Vorgabe für die Lieferantenintegration,

▶ Standards und Kundenvorgaben für ein integriertes Qualitäts- und Beschaffungsmanagement und für die Lieferantenqualifizierung (Systeme, Prozesse, Produkte),

▶ organisatorische, prozessuale, system- und datentechnische Integration der Lieferkette,

▶ vertragliche Absicherung gegen Risiken.

Auswahl von Standards/Richtlinien zum Qualitätsmanagement:

- ISO 9001:2016 – Anforderungen an das Managementsystem in Bezug auf Qualitätsmanagement
- EN 9100 – Rahmen für umfassende Qualitätsmanagementsysteme für Luftfahrt-, Raumfahrt- und Verteidigungsindustrie auf Grundlage der ISO 9001
- ISO/TS 15504 – internationaler Standard zum Durchführen von Bewertungen von Unternehmensprozessen, wurde ursprünglich mit dem Schwerpunkt der Softwareentwicklung in der Automobilindustrie herangezogen
- IATF 16949:2016 (Nachfolger der ISO/TS 16949:2009) – internationaler Forderungskatalog an Qualitätsmanagementsysteme der Automobilindustrie auf Basis der ISO 9001

• Verband der Automobilindustrie e.V. (VDA), Qualitäts
Management Center (QMC) unter http://vda-qmc.de/;
Richtlinien zum Qualitätsmanagement in der Lieferkette,
Reihe 6 etc.

Der IATF 16949 vereint existierende Forderungen an Qualitätsmanagementsysteme der (nordamerikanischen und europäischen) Automobilindustrie. Die IATF (International Automotive Task Force) ist eine „zweckspezifische" Arbeitsgruppe, die sich aus Vertretern von nordamerikanischen und europäischen Automobilhersteller und Automobilverbänden zusammensetzt und sich mit der Harmonisierung der Standards zur Verbesserung der Produktqualität für Automobilkunden befasst.

Große asiatische Automobilhersteller haben davon abweichende, differenzierte Forderungen an die Qualitätsmanagementsysteme ihres Konzerns und ihrer Lieferanten.

7.2   Informations- und Datensicherheit

Ein Informationssicherheitskonzept bestimmt auf Basis von möglichen Bedrohungen, deren Wahrscheinlichkeiten und möglichen Auswirkungen Schutzziele und klassifiziert diese nach Vertraulichkeit, Integrität, Verfügbarkeit und Zurechenbarkeit. Dabei wird unterschieden zwischen

▶ Security, darunter versteht man die Sicherheit gegen beabsichtigte Angriffe, und
▶ Safety, darunter versteht man die Sicherheit im Falle von menschlichem bzw. technischem Versagen.

Aus der Beschreibung des Schutzziels, dessen Merkmale und Ressourcen werden geeignete Maßnahmen im Hinblick auf Infrastruktur, Organisation, Prozesse und Versicherungen abgeleitet.

Neben den organisatorischen Regeln für räumlichen, persönlichen und zeitlichen Zutritt regelt die zentrale Datenverwaltungslösung den internen und externen Zugriff auf Informationen und stellt den systemtechnischen Kern eines Sicherheitskonzepts dar.

Weitere Anwendungen, wie z. B. E-Mail oder physische Datenträger, werden heute zum Austausch von Produktinformationen in viele Unternehmen verwendet und stellen in Bezug auf die Informationssicherheit ein hohes Risiko dar.

Ein nicht autorisierter Zugriff auf Produktdaten kann zu unternehmerischem Schaden führen, sofern keine Maßnahmen zum Schutz des geistigen Eigentums ergriffen werden. Der Verlust eines Wissensvorsprungs gegenüber dem Mitbewerb oder das Auftauchen von Plagiaten kann zu einem Geschäfts- und Imageverlust führen.

Innere und äußere Risikoquellen:

▶ Illoyale Mitarbeiter: Die Handhabung von Zugangsdaten, Userfreigaben von unzufriedenen Mitarbeitern, vor allem in der Rolle des Systemadministrators, werden dabei als kritisch angesehen. Das Risiko ist über die gesamte Lieferkette zu sehen.

▶ Unsichere Applikationen für die Engineering Collaboration: Mit externen Lieferanten werden Daten über E-Mail oder über unkontrollierte Vorgänge/Formate ausgetauscht.

▶ Die „Datenexplosion" durch steigende Produktkomplexität und Cloud Computing: Neben den Entwicklungsdaten erhöhen Simulationsdaten wie auch Videodaten aus Feldtests die zu verwaltenden Datenbestände. Für die Nutzung von Cloud-Infrastrukturen müssen Daten aus den internen Systemen transferiert werden. Der personelle Zugriff, die technische Anbindung und die erforderlichen Sicherheitsregeln sind dafür festzulegen und deren Einhaltung ist zu überwachen.

Ein Beispiel zur Bewertung des potenziellen Schadens durch einen Sicherheitsvorfall wird in Tabelle 13 dargestellt.

Schadensart	Bewertungsmetrik
Vorfallsbehandlung und Wiederherstellung	Analyse-/Dokumentations- und Wiederherstellungskosten
Beeinträchtigung des Betriebs, finanzieller Schaden	Dauer, Geschäftsverlust
Datenverlust	Reparatur-, Wiederherstellungskosten, Geschäfts- und Imageschaden
Rechtliche Konsequenzen	Strafrechtliche Folgen, Vertragsstrafen, Pönalen
Personenschaden	Schwere/Ausmaß und rechtliche Folgen
Umweltschaden	Schwere/Ausmaß und rechtliche Folgen

Tabelle 13: *Bewertungsmetriken für verschiedene Schadensarten*

7.3   Technische Sicherheit

Neben der Schaffung organisatorischer und prozessorientierter Rahmenbedingungen ist eine technische Grundsicherung erforderlich, welche die Faktoren Vertraulichkeit, Integrität und Verfügbarkeit adressiert.

In Abhängigkeit des Sicherheitsrisikos können folgende Maßnahmen in der IT-Infrastruktur vorgenommen werden:

▶ Firewall: Trennung des Unternehmensnetzwerks vom Internet
▶ Virenschutz und Patch-Management: für Betriebssysteme und Datenverwaltungssysteme
▶ Verschlüsselung: von Datenträgern und Austauschsystemen (siehe auch Konvertierung von Produktdaten)

▶ Berechtigungskonzept: siehe Rollenmodell am Geschäftsprozess und Authentifizierung; Erweiterung auf Zutritt und Zugriff – physische und umgebungsspezifische Sicherheit

▶ Datensicherung und Desaster Recovery: geschäfts- und prozesskritische Daten müssen in Hinblick auf Störfälle gesichert und wiederhergestellt werden

▶ Aufrechterhaltung der IT-Infrastruktur: Stromversorgung, Netzwerk, Brandschutz und Schutz gegen Wassereintritt

Vorgehensmodell zur Erstellung eines Sicherheitskonzepts:

▶ Assessment zum Informationsschutz auf Basis der ISO/IEC 27001 mit dem Fokus auf Produktdaten und Erarbeitung einer an die aktuellen Anforderungen angepassten Handlungsempfehlung. Im Annex A der ISO 27001:2013 wird im Kapitel 15 der Bereich Lieferantenbeziehungen adressiert.

▶ Auf Basis der ISO-Norm werden Anforderungen für Einrichtung, Umsetzung, Aufrechterhaltung und fortlaufende Verbesserung eines dokumentierten Informationssicherheitsmanagementsystems unter Berücksichtigung des Unternehmenskontexts mit dem Ziel der Absicherung der Geschäftskontinuität spezifiziert.

▶ Erstellung und Umsetzung eines geeigneten Sicherheitskonzepts: Den Einstieg dazu bilden die Etablierung eines Sicherheitsbeauftragten, die Informationsverteilung und Sensibilisierung für relevante Gefahrenpotenziale und den richtigen Umgang damit.

▶ Bedarfsabhängig sind Schulungen sowie System- und Prozessanpassungen vorzunehmen. In bestimmten Fällen sind die Einbindung externer Dienstleister und das „Auslagern" bestimmter Risiken an Versicherungen zweckmäßig.

7.4   Austausch von Produktdaten

Der Zugriff auf Produktdaten erfolgt über Autorensysteme (CAD, Office etc.) und über ein zentrales Datenverwaltungssystem. Wenn Autorensysteme über Schnittstellen mit dem Verwaltungssystem integriert sind, kann die Zugriffskontrolle auf Dokumente, Dateien und Informationen aller Art gewährleistet werden.

PDM- bzw. PLM-Applikationen wurden zu diesem Zweck geschaffen. Damit werden Metadaten in einer Datenbank abgelegt und die zugehörigen Dateien mit einer Verlinkung auf einem Fileserver verschlüsselt gespeichert. Durch das Rollen- bzw. Berechtigungssystem werden der Zugriff und die rollenspezifische Verwendung durch die Applikation sichergestellt. Durch geeignete Schnittstellen zu weiteren IT-Applikationen (ERP, SCM) wird die Zugriffskontrolle integriert.

Der Austausch von Entwicklungs- und Produktdaten mit Lieferanten wird durch den Integrationstyp, die auszutauschende Datenmenge/-formate und deren Austauschhäufigkeiten bestimmt.

Projekt- und auftragsabhängig sind geeignete Lösungen für die Handhabung von schutzwürdigen Informationen erforderlich. Flexible Integrationsmöglichkeiten der Systeme und der einhergehende Aufwand müssen durch das Projekt getragen werden. Dazu kann eine vom Kernsystem separierte Lösung in der DMZ des Unternehmens eingerichtet und durch einen externen Dienstleister betrieben (managed/ cloud service) werden. Die Datenverbindung zwischen dem

Kernsystem und der Datenaustauschlösung mit den Lieferanten sollte auf Basis einer verschlüsselten Datenverbindung (HTTPS) erstellt werden.

Vorgehensweise in fünf Schritten

- Erhebung der Anforderungen nach Kunden- und Projektvorgaben auf Basis von Checklisten und Best Practices.
- Analyse der vorhandenen Infrastruktur, Applikationen, Datenkategorien und Workflows. Gegenüberstellung der Anforderungen und des Status quo, Ermittlung und Priorisierung der Bedarfe in Bezug auf vorliegende Auftragsgegenstände.
- Erstellung eines Datenaustauschkonzepts unter Bezugnahme auf die Bedarfsermittlung; Bewertung im Hinblick auf Risiko, Kosten und Flexibilität/Nachhaltigkeit; Definition der Bewertungsparameter für ein Proof of Concept (POC).
- Validierung des Konzepts durch ein POC auf Basis von Anwendungsszenarien (Use Cases); Dokumentation des Validierungsergebnisses.
- Entscheidung durch das Management und Erstellung eines Implementierungskonzepts.

7.5 Datentechnische Integration

Für die datentechnische Anbindung von Lieferanten stehen heute unterschiedliche Technologien und Dienste zur Verfügung (Tabelle 14).

Technologie	Erläuterung
MPLS	Multi-Protocol Label Switching
VPN	Virtual Private Network
IPSec VPN	Internet Protocol Security VPN
ENX	European Network Exchange
SSL VPN	Secure Socket Layer VPN
OFTP	Odette File Transfer Protocol

Tabelle 14: *Übersicht Technologien/Dienste für die datentechnische Integration*

Diese unterscheiden sich im Hinblick auf Leistungsfähigkeit, Zeitaufwand und Kosten zur Bereitstellung und für den Betrieb.

▶ In der europäischen Automobilindustrie hat sich die Lösung der European Network Exchange Association (ENX) als Standard für den Austausch von Produktdaten etabliert. Zum Schutz des geistigen Eigentums der Teilnehmer werden die Datenpakete für die Übertragung verschlüsselt. Dadurch lassen sich die Kosten und die Komplexität im Rahmen der Entwicklungszusammenarbeit reduzieren.

▶ Ein weiteres Handlungsfeld des ENX-Vereins ist die Umsetzung industrieller Anforderungen bei der unternehmensübergreifenden IT-Sicherheit für die Themenbereiche sicherer E-Mail-Verkehr und sicheres Cloud Computing.

▶ Weitere Schutzmechanismen wie die Datenkonvertierung (Odette File Transfer Protocol, OFTP) haben sich in Kombination mit der Datenverschlüsselung bewährt. Dabei ist es möglich, den Sicherheitsschlüssel getrennt von den verschlüsselten Daten auf einem zentralen Server zu verwalten. Unterschiedlich einstellbare Verschlüsselungsstufen tragen dem jeweiligen Risikoniveau Rechnung.

▶ Die Konvertierung und „Verschattung" von nativen Produktdaten (CAD-Dateien) stellt eine weitere Möglichkeit zum Schutz des geistigen Eigentums dar.

Durch eine teilweise oder vollständige Automatisierung dieser Methoden kann die Möglichkeit eines gezielten oder unbeabsichtigten Eingriffs durch Mitarbeiter oder nicht autorisierte Akteure (Personen, Programme) reduziert bzw. verhindert werden.

▶ Die Datenkonvertierung kann einerseits zur Transformation von einem in ein weiteres natives Datenformat als auch zur Transformation in ein Neutralformat (3D-PDF, PDF/A, JT etc.) eingesetzt werden. Im Regelfall wird dabei schützenswertes Entwicklungs-, Produktions- oder Material-Know-how des Erstellers aus der Datei entfernt bzw. verschlüsselt. Verschiedene CAD-Hersteller bieten dazu eigene Methoden an. Für die Konvertierung von Produktstrukturinformationen kann das Format Standard for Exchange of Product Data (STEP) nach ISO 10303 verwendet werden.

▶ Die automatisierte Erzeugung von Dokumenten im Neutralformat ermöglicht die Weiterverwendung mit Standardapplikationen. Beim Format 3D-PDF kann dabei die Berechtigung namentlicher Benutzer gesteuert werden. Erforderliche Metadaten können bei der Erstellung und Bearbeitung nach Bedarf mitgespeichert werden.

▶ Die Automatisierung des workflowgesteuerten Datenaustausches ermöglicht neben der Datenaufbereitung auch die kontrollierte, statusabhängige Bereitstellung an den vereinbarten Empfänger über die Datenaustauschplattform.

Neben den allgemeinen Qualitätsrichtlinien und einer Lieferantenqualifizierung ist für den laufenden Betrieb die Überwachung der korrekten und vollständigen Datenübertragung sicherzustellen. Diese stellt eine Voraussetzung für eine dokumentierte Absicherung gegenüber dem Gesetzgeber und dem Kunden im Falle des Konformitätsnachweises oder der Befundung im Falle von Reklamationen dar.

Neue Anwendungsfälle wie der 3-D-Druck als digitale Produktionsmethode stellen neue Anforderungen an die Datensicherheit.

Die Datensicherheit beim Austausch von Produktionsdaten wird mit dem Blockchain-Konzept gewährleistet. Dabei kommt eine Datenbank zum Einsatz, welche eine nachträgliche Manipulation eines Datensatzes durch Speicherung eines Schlüssels aus dem vorangehenden Datensatz im jeweils nachfolgenden Datensatz verhindert. Damit wird innerhalb eines dezentralen Produktionsnetzwerks die Einigkeit zwischen verschiedenen Datenknoten erzielt.

Das menschliche Rest-Risiko durch die Rolle des Netzwerkadministrators bleibt zuletzt auch bei diesem Konzept bestehen.

Literaturverzeichnis

Eigner, M.; Stelzer, R.: Product Lifecycle Management. Ein Leitfaden für Product Development und Life Cycle Management. 2. Auflage, Springer, 2009

Feldhusen, J.; Gebhardt, B.: Product Lifecycle Management für die Praxis. Ein Leitfaden zur modularen Einführung, Umsetzung und Anwendung. Springer, 2008

Grieves, M.: Product Lifeycle Management. Driving the Next Generation of Lean Thinking. McGraw Hill, 2009

Korall, S. et al.: „Qualität treibt die Lieferkette". In: Qualität und Zuverlässigkeit, Jahrgang 60, Ausgabe 03/2015, S. 24–26

Lenders, M.: „Seminar Product-Lifecycle-Management". WZL der RWTH Aachen, WZL/Fraunhofer IPT, 14. Februar 2007

Moll, A.; Kohler, G.: Excellence-Leitfaden. Praktische Umsetzung des EFQM Excellence Modells. Symposion Publishing, 2014

Qian, Y.: Strategisches Technologiemanagement im Maschinenbau. Erfolgsfaktoren chinesischer Maschinenbauunternehmen im kompetenzbasierten Wettbewerb. Dissertation, Betriebswirtschaftliches Institut der Universität Stuttgart, 2002

RWTH Aachen: Handbuch TFB 57 „Systemunabhängige Referenzprozesse für das PLM". WZL der RWTH Aachen, WZL/Fraunhofer IPT 2008

Schmelzer, H.; Sesselmann, W.: Geschäftsprozessmanagement in der Praxis. 6. Auflage, Hanser, 2008

Schuh, G.: „PLM-Strategie". In: IT-Produktion, Ausgabe 10/2007, S. 66, 68

Sendler, U.: Das PLM-Kompendium. Referenzbuch des Produkt-Lebenszyklus-Managements. Springer, 2009

Steinhardt, G.: The Product Manager's Toolkit. Methodologies, Processes and Tasks in High-Tech Product Management. Springer, 2010

HANSER

Rüstzeug eines jeden Qualitäts- und Prozessmanagers

Kamiske (Hrsg.)
Handbuch QM-Methoden
Die richtige Methode auswählen
und erfolgreich umsetzen
3., aktualisierte und erweiterte
Auflage. 984 Seiten. Gebunden
€ 179,99. ISBN 978-3-446-44388-4

Auch als E-Book erhältlich
€ 119,99
E-Book-ISBN 978-3-446-44441-6

Das Handbuch QM-Methoden stellt die relevanten Methoden
und Werkzeuge des Qualitätsmanagements wie Total Quality
Management (TQM), Lean Management, Six Sigma, Kontinuier-
licher Verbesserungsprozess (KVP), 5S, 8D, M7 oder Q7 kompakt
und praxisbezogen vor. Sie können für jedes Problem die
richtige Lösung finden und erhalten einen konkreten Leitfaden
zur Hand, wie Sie Ihre Probleme lösen und die jeweilige
Methode effektiv umsetzen.

Mehr Informationen finden Sie unter **www.hanser-fachbuch.de**